普通高等教育“十二五”精品课程规划教材

计算机信息技术基础——案例、实践与提高

实训指导及习题集

主　编　陈　佳

副主编　谢　晴　何高明

参　编　万　励　汪　梅　陈　聪　卿海军

梁　菁　吴洁明　贺　杰　陆科达

主　审　玉振明

北京理工大学出版社

BEIJING INSTITUTE OF TECHNOLOGY PRESS

内 容 简 介

本书是《计算机信息技术基础——案例、实践与提高》一书配套的实训指导和习题集。全书分三部分：第一部分为上机实训；第二部分为习题及参考答案；第三部分为综合练习。本书主要包括了计算机和计算机网络基础知识、Windows 7 操作系统、Word 2010、Excel 2010、PowerPoint 2010、Access 2010、Internet 应用以及 Dreamweaver CS5 等内容。结合长期从事大学计算机基础教学的实践，作者精心设计了多个实践操作性强的操作案例，每个实验都有明确的实验目的、具体的实验内容和较详尽的实验步骤，采取"任务驱动、案例教学"的方式，引导学生掌握计算机的基本操作技能，还通过拓展训练和综合练习进一步提高学生的实际操作能力。每章都配有相应的习题，方便学生加深对计算机基础知识的理解，并巩固所学的操作知识。综合练习适合学生开展笔试和操作的针对性训练。

本书内容丰富翔实且结构体系完整，图解编排形式新颖独特，采用任务驱动的方式编写，所选范例典型并具有连贯性，具有较好的系统性和实用性，是一本实践操作性很强的教材，既方便教师组织课程教学，也适合学生进行开放式学习。

本书通俗易懂、实用性强，既可以作为高等院校、中职学校计算机公共基础课教材配套的上机实训指导，又可作为全国计算机等级考试一级 MS - Office 的培训教材，同时也适合成人教育本、专科学生以及社会各类信息技术培训班或自学使用。

版权专有　侵权必究

图书在版编目（CIP）数据

计算机信息技术基础——案例、实践与提高 实训指导及习题集/陈佳主编．—北京：北京理工大学出版社，2020.1 重印

ISBN 978 - 7 - 5640 - 8494 - 3

Ⅰ.①计…　Ⅱ.①陈…　Ⅲ.①电子计算机—高等学校—习题集　Ⅳ.①TP3 - 44

中国版本图书馆 CIP 数据核字（2013）第 260374 号

出版发行 / 北京理工大学出版社有限责任公司
社　　址 / 北京市海淀区中关村南大街 5 号
邮　　编 / 100081
电　　话 /（010）68914775（总编室）
　　　　　82562903（教材售后服务热线）
　　　　　68948351（其他图书服务热线）
网　　址 / http：//www.bitpress.com.cn
经　　销 / 全国各地新华书店
印　　刷 / 三河市华骏印务包装有限公司
开　　本 / 787 毫米 × 1092 毫米　1/16
印　　张 / 11.75
字　　数 / 285 千字
版　　次 / 2020 年 1 月第 1 版第 13 次印刷
定　　价 / 29.80 元

责任编辑 / 陈　竑
文案编辑 / 胡卫民
责任校对 / 周瑞红
责任印制 / 马振武

图书出现印装质量问题，请拨打售后服务热线，本社负责调换

前　言

本书是广西壮族自治区精品课程“计算机文化基础”的成果之一，与主教材《计算机信息技术基础——案例、实践与提高》配套。这套教材以在面向应用过程中培养学生的计算思维，培养大学生实践能力、创新能力、就业能力和创业能力，激发大学生自主学习，提高大学生的综合素质为目标，由梧州学院具有丰富一线教学经验的多位骨干教师精心编写而成。

本书包含三大部分：第一部分为上机实训；第二部分为习题及参考答案；第三部分为综合练习。为配合理论课的学习和增强学生的计算机应用能力，第一部分的上机实训中设置了22个基础实验和9个拓展训练。22个基础实验是与教学内容同步的操作练习，主要介绍操作系统Windows 7、文字处理软件（Word 2010）、电子表格软件（Excel 2010）、网络基本应用、数据库应用（Access 2010）、演示文稿软件（PowerPoint 2010）和网页制作（Dreamweaver CS5）等实验内容。每个实验都指明了实验目的和实验内容，并提供了详细的操作步骤，方便读者更好地掌握计算机的基本操作和常用软件的使用。考虑到计算机操作能力较好的读者，本书精心设计了9个实用性较强的拓展训练，旨在帮助读者更深入、更全面地掌握常用软件的使用，以提高读者的实际应用能力。本书采用基础实验和拓展训练结合的方式为不同起点的读者创造了自主学习的条件，有助于读者更好地开展实践训练，提高实训效率，完成从案例到实践、从实践到提高的学习过程。第二部分的习题包含每一章的练习题和参考答案，帮助读者进一步加深对计算机基础知识、基本理论的理解和对操作过程的巩固。第三部分的综合练习包括笔试练习和操作练习，方便读者进行针对性的综合训练和自我检测。

作为“计算机文化基础”精品课程立体教材的组成部分，本书设计的实验和拓展训练都源自于实际问题，并且经过精心设计和组织，能更好地指导实际应用。与教材配套的课程网站上还有实验素材、授课教案、教学课件以及在线测试系统等，可供教师教学或学生自学自测。

本书的特点体现在以下几个方面：

（1）每个实验以具体的操作任务为主线，将其分解为一个个较小的操作任务加以实现，简单明了，易于理解，便于操作；

（2）每个实验都配有对应的效果样图，方便操作者对照检查；

（3）基础实验和拓展训练相结合，适合不同起点的读者。

参与本书编写的作者与配套教材《计算机信息技术基础——案例、实践与提高》的作者大部分相同，具体分工如下：第1章的实验和习题由万励编写，第2章的实验、拓展训练和习题由何高明编写，第3章的实验、拓展训练和习题由汪梅编写，第4章的实验、拓展训练和习题由陈佳编写，第5章的实验、拓展训练和习题由陈聪编写，第6章的实验、拓展训练和习题由卿海军编写，第7章的实验、拓展训练和习题由谢晴编写，第8章的实验和习题由梁菁编写，第三部分综合练习由吴洁明教授和陆科达负责整理。全书由陈佳负责统稿，由贺杰负责校对，由玉振明教授担任主审。

本书以任务驱动的方式编写，通过大量的案例及丰富的图示来巩固计算机应用的相关知识，力求做到内容连贯，结构完整，简单明了，范例典型，具有较好的系统性和实用性。本书既可作为各高校计算机基础课程的实训教材，也可作为成人教育、自学者的练习教材以及全国计算机等级考试一级 MS - Office 复习的配套用书；既可与本书的理论教材配套使用，也可以单独作为实训教材或与其他相关理论教材配套使用。

本书在编写过程中参考了大量的教材及资料，在此向所有作者表示衷心的感谢。另外，对为本书出版付出了辛勤劳动的所有工作人员，在此一并表示感谢。由于时间仓促，本书中难免存在疏漏和不足之处，欢迎广大读者指正。

“计算机文化基础”区级精品课程建设项目组

目　录

第一部分　上机实训

第二部分　习题及参考答案

第三部分　综合练习

第一部分　上机实训

第1章

计算机基础知识

实验一　认识计算机硬件系统

一、实验目的

（1）熟悉微型计算机的硬件组成，了解其功能。

（2）了解主机箱的接口，熟悉各接口的作用，并且能够正确地连接各接口。

（3）掌握微型计算机的启动和关闭。

二、实验内容

（1）了解微型计算机硬件系统。

（2）观察主机箱接口，正确连接外部设备接口。

（3）正确启动和关闭微型计算机。

三、实验步骤

1. 了解微型计算机硬件系统

（1）断开电源，观察微型计算机主机的组成，并拆除主机箱背面各个设备的连接线。

（2）在教师的指导下打开主机箱，观察 CPU、硬盘、内存等硬件设备在主板的位置，了解其功能及其与主板的接线情况。

2. 观察主机箱接口，正确连接外部设备接口

（1）合上主机箱，观察主机箱背面接口，并正确连接电源线、显示器、键盘、鼠标及网线等接口。主机箱背面接口如图 1－1 所示。

（2）检查各种连接线是否连接牢固，并合上计算机电源。

3. 正确启动和关闭微型计算机

（1）先打开显示器电源，再打开主机电源，启动计算机。

（2）进入 Windows 7 操作系统后，单击“”→单击“关机”㊞钮，系统自动关机。等到显示器完全没显示后，先关闭主机电源再关闭显示器电源。

提示：本实验为选做实验。

图1-1　主机箱主要接口

实验二　键盘指法与中英文输入

一、实验目的

（1）掌握正确的坐姿和键盘操作的基本指法。

（2）熟悉 Windows 7 中“写字板”软件的打开、编辑、保存文件和退出。

（3）能熟练进行英文输入，并能熟练使用一种汉字输入法操作。

二、实验内容

（1）熟悉键盘操作姿势和键盘指法。

（2）在 Windows 7“写字板”软件中进行英文输入练习。

（3）在 Windows 7“写字板”软件中进行汉字输入练习。

三、实验步骤

1. 掌握正确的键盘操作姿势

正确的键盘操作姿势应做到以下几点：

（1）上身挺直并稍微前倾，双脚平放在地上。

（2）肩部放松，上臂自然下垂。

（3）手腕要放松，轻轻抬起，手指略弯曲，指尖轻放在基本键位上（基本键位即字母键【A】、【S】、【D】、【F】、【J】、【K】、【L】和【;】），左右手的大拇指轻轻放在空格键上。

（4）身体与键盘的距离，以两手刚好放在基本键上为准。

（5）按键时，手抬起，伸出要按键的手指，击键时第一指关节应与键面垂直，按键要轻巧，用力要均匀。不击键的手指不要离开基本键位。

（6）击键完成后，应使手指立即归位到基本键位上。

2. 掌握正确的键盘指法

十指在击键上是有分工的，具体指法如图1-2所示。

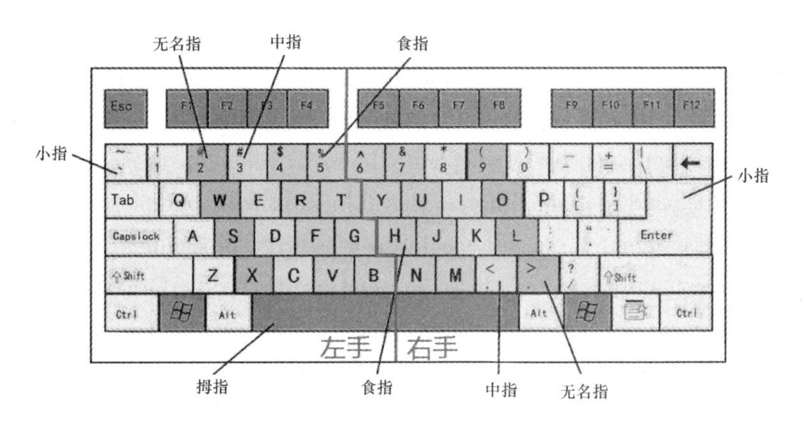

图 1-2　键盘指法

3. 在“写字板”软件中进行英文输入练习

（1）在 D 盘根目录下创建文件夹“myword”：双击桌面的“计算机”㊣→双击“D 盘”㊠→右击空白处→选择“新建”㊠→展开列表中“文件夹”㊠→输入文件夹名“myword”→按【Enter】键。

（2）启动“写字板”软件：单击“ ”→单击“所有程序”㊠→选择“附件”㊠→选择“写字板”㊠，如图 1-3 所示，进入编辑界面。

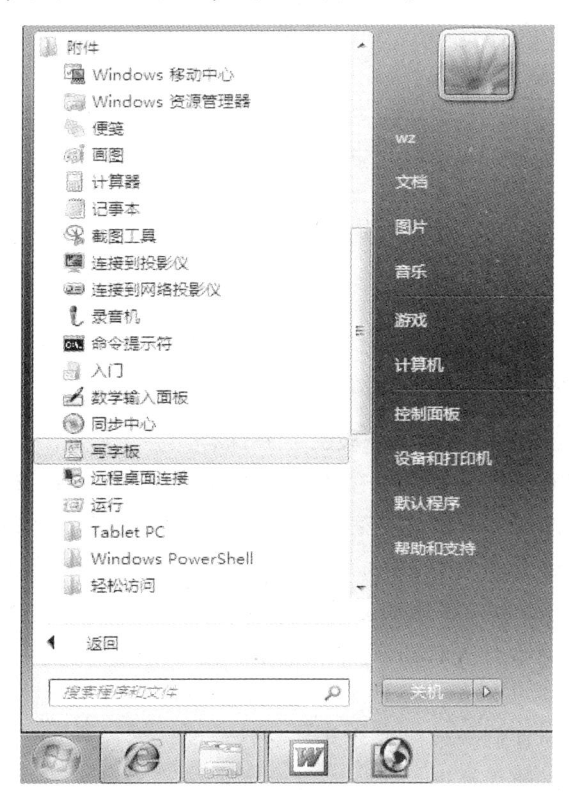

图 1-3　打开写字板

(3) 在编辑界面中输入以下内容。

Almost all of today's computer systems add an additional part to the information system. This part, called connectivity, allows computers to connect and to share information. These connections, including Internet connection, can be by telephone lines, by cable, or through the air. Connectivity allows users to greatly expand the capability and usefulness of their information systems.

In large computer systems, there are specialists who write procedures, develop software, and capture data. In microcomputer systems, however, end users often perform these operations. To be a competent end user, you must understand the essentials of information technology (IT), including software, hardware, and data.

(4) 保存文档。按【Ctrl】+【S】键或单击左上角的图标→弹出"保存为"㊣框→左侧"组织"中选择"D盘"→右侧工作区中双击文件夹"myword"→"文件名:"后输入"wordlx"→单击"保存"㊣钮，如图1-4所示。

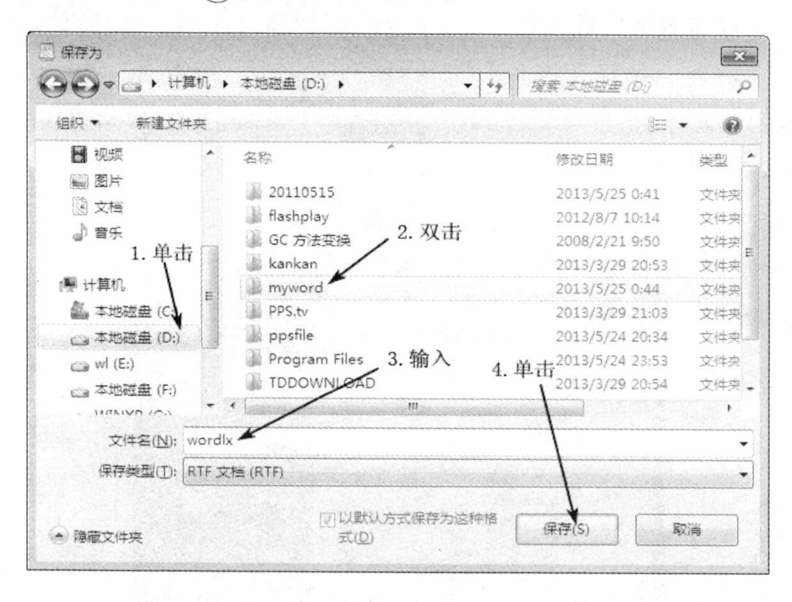

图1-4　保存文档

4. 在"写字板"软件中输入以下一段文字并保存

(1) 选择一种中文输入法，并在文字编辑界面中输入以下一段文字。

在第二次世界大战期间，美国宾夕法尼亚大学摩尔电工学院为陆军计算炮火火力表，提出了高速计算工具的紧迫需求，于1943年开始研制第一台电子计算机，设计师是美国计算机界的先驱Mauchly和Eckter。在他们的共同努力下，世界上第一台电子计算机ENIAC于1946年2月投入运行。这台计算机用了13 000个电子管，重30多吨，耗电150千瓦，占地面积达9.1平方米×12.2平方米，每秒钟仅能完成5 000次加减运算，做一次乘法需要3毫秒。它的性能虽然还不如目前一台微型计算机的性能高，然而在当时却是划时代的创举，成为计算机的始祖。从此，计算机进入了一个飞速发展的崭新时代。

也许大家不相信，今天我们的生活已无法离开计算机！来看看我们的身边吧。我们每天看到的电视节目是由计算机来制作编排的；我们每天看到的报纸是由计算机来排版的；我们所生活城市的建筑是由计算机来辅助设计的；我们出门乘坐的火车是由计算机来调度安排的；商店里出售的五颜六色的衣服是由计算机裁剪设计的；许多少年朋友喜爱的动画片、电子游戏以及电影中的许多特技镜头都是由计算机制作的。在学校，利用计算机进行电子教学已日益普及；在企业，利用计算机进行生产管理大大提高了工作效率；在政府机关，利用计算机进行办公可实现办公自动化，减轻了工作人员的负担；在医院，医生利用计算机进行病情诊断，既准确又迅速。计算机的应用已经深入到了各个行业，几乎无所不包。

（2）保存文档：按【Ctrl】+【S】组合键或单击左上角的图标。

（3）退出“写字板”软件：单击左上角的图标，在出现的菜单中选择“关闭”。

第 2 章

Windows 7 操作系统

实验一　Windows 7 的基本操作

一、实验目的

(1) 掌握 Windows 7 的启动与退出。
(2) 熟练掌握窗口和菜单的基本操作。
(3) 熟练掌握应用程序的启动与切换。
(4) 熟练掌握计算机和资源管理器的操作。
(5) 掌握控制面板的使用。

二、实验内容

(1) 启动和关闭 Windows 7 操作系统。
(2) 窗口的基本操作。
(3) 菜单的基本操作。
(4) 应用程序的启动与切换。
(5) 使用“计算机”和“资源管理器”。
(6) 使用控制面板调整屏幕分辨率。
(7) 排列图标，完成如图 2－1 所示效果。

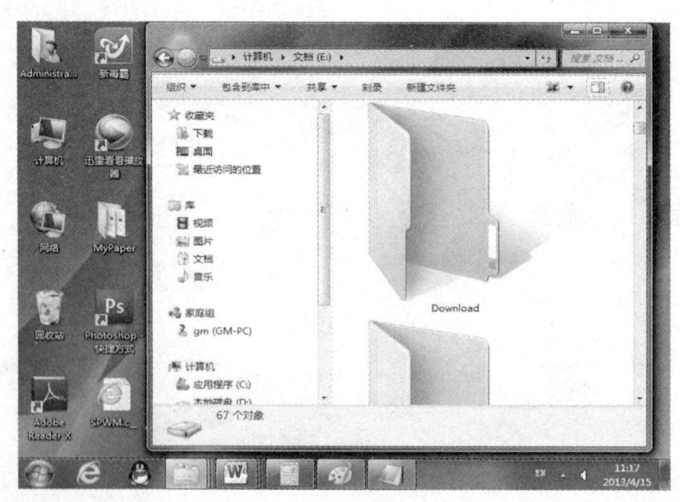

图 2－1　样图

三、实验步骤

1. 启动和关闭 Windows 7 操作系统

（1）连通计算机的电源，依次打开显示器电源开关和主机电源开关，安装了 Windows 7 的计算机就会自动启动，计算机自检后将显示欢迎的界面，几秒后将看到 Windows 7 的桌面。

（2）关闭 Windows 7 是一个非常重要的操作，它将内存中的信息自动写回硬盘中，为下次正常启动做好准备。单击“”→单击“关机”（钮），系统将关闭。

2. 窗口的基本操作

窗口的基本操作有打开与关闭窗口、调整窗口大小和移动窗口。

（1）双击“计算机”图标，打开“计算机”窗口。

双击“计算机”（图）→打开“计算机”（窗）→查看窗口的导航窗格、地址栏、搜索框、工具栏、工作区和状态栏及预览窗格。

（2）调整窗口大小。

依次单击窗口右上角的“最大化”按钮、“向下还原”按钮和“最小化”按钮，观察窗口的变化；另外使用窗口边框调整窗口大小。

> **提示：**若窗口处于最大化状态，无法使用窗口边框调整窗口大小，应单击标题栏上的“向下还原”按钮，使窗口向下还原才能进行相应的操作。

（3）移动窗口。

移动鼠标到窗口右边框上，当鼠标形状转变为一个水平的双向箭头时，拖动窗口边框在水平方向上移动，可调整窗口的宽度。按同样方法调整窗口的高度。

（4）关闭窗口。

在打开的“计算机”窗口中单击右上角的“关闭”按钮，关闭“计算机”窗口。

3. 菜单的基本操作

菜单的基本操作包括打开与关闭菜单以及执行菜单命令。

（1）查看“记事本”窗口的菜单。

打开“附件”中的“记事本”（窗），移动鼠标到“编辑”（菜）上单击，则打开“编辑”（菜）。

（2）查看菜单项。

菜单项被横线分隔为若干个组。从上到下移动鼠标，浏览“编辑”（菜）的内容。其中：

① 若菜单项的右边显示一个向右的箭头，则表示该菜单项还有自己的子菜单。

② 若菜单项的左边显示一个单选标记“●”，则表示该菜单项与同组的菜单项组成一个单选按钮组，每次只能在该组中执行一个菜单项。

③ 若菜单项的左边显示有复选标记“√”，则表示该菜单项与同组的菜单项组成复选组，组中菜单项可被同时选中。

④ 若菜单项的右边显示有省略号“…”，则表示执行该菜单项将弹出一个对话框。

（3）执行菜单命令：在打开的菜单上单击菜单项，则执行该菜单项命令。

（4）关闭菜单：打开“查看”菜单，移开鼠标到其他空白处并单击左键，则关闭被打开的菜单。

4. 应用程序的启动与切换

（1）分别打开 Word 2010、记事本、计算器和截图工具四种程序。

可以使用快捷方式或单击“ ”→选择“所有程序”(项)→选择“附件”(项)→依次打开 Word 2010、记事本、计算器和截图工具。

打开 Word 2010 的操作为：单击“ ”→选择“所有程序”(项)→选择“Microsoft Office”(项)→选择“Microsoft Word 2010”(项)。

（2）分别采用键盘方式与鼠标方式切换窗口。

①键盘方式：按住【Alt】键，再按【Tab】键可以在不同的窗口间切换。

②鼠标方式：使用鼠标单击任务栏中的窗口图标即可实现切换。

5. “计算机”和“资源管理器”的使用

打开“计算机”与“资源管理器”并查看窗口结构：右击“ ”→选择“打开 Windows 资源管理器”(项)，查看窗口结构。

6. 使用控制面板

使用控制面板调整屏幕分辨率为“800×600”：打开“控制面板”(窗)→选择“外观和个性化”(项)→选择“调整屏幕分辨率”(项)→在打开的“调整屏幕分辨率”(窗)中单击“分辨率”下拉按钮→拖动滑块至“800×600”分辨率→单击“确定”(钮)。

7. 排列图标

将 E 盘文件夹以超大图标排列：双击“计算机”(图)→双击“E 盘”(项)→单击“更多选项”(菜)→下拉菜单中选择“超大图标”(项)。

实验二 文件和文件夹的管理

一、实验目的

（1）掌握文件和文件夹的创建。

（2）掌握文件和文件夹的综合操作。

（3）掌握文件夹的共享。

二、实验内容

（1）新建文件夹和文件，并进行选定、复制、移动及删除等操作。

（2）文件和文件夹的属性设置。

（3）对文件和文件夹进行操作，完成如图 2-2 所示效果。

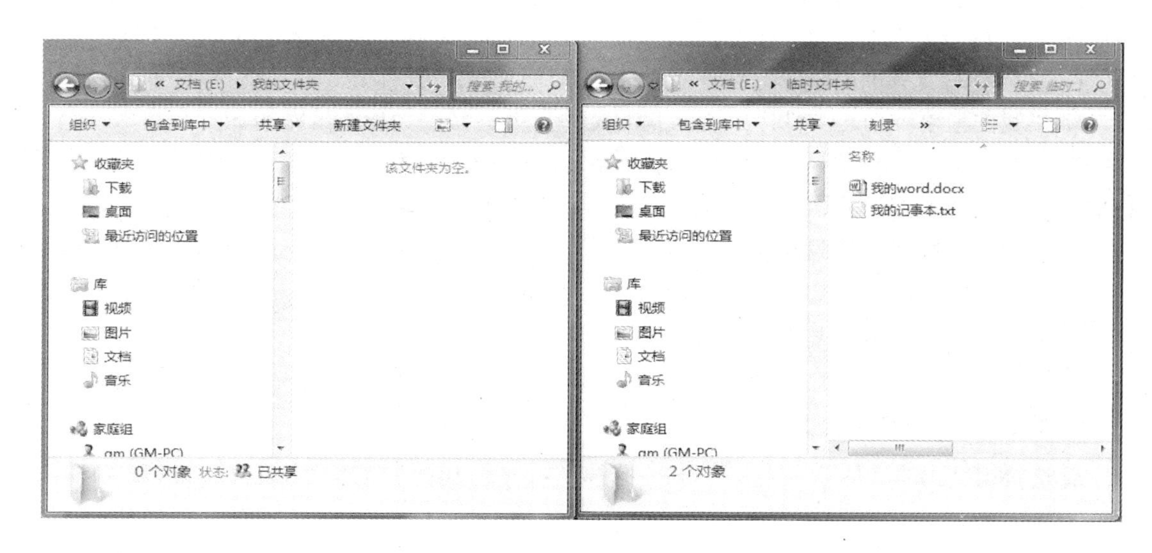

图 2－2　样图

三、实验步骤

1. 文件夹与文件的新建

在 E 盘根目录下建立一个文件夹。并在该文件夹下建立文本文件和 Word 文档，再在 E 盘根目录下建立另一文件夹。其操作步骤如下：

①双击“计算机”(图)→双击“E 盘”(项)→进入到 E 盘根目录→右击空白区→“新建”(项)→“文件夹”命令。此时在 E 盘新建了一个名为“新建文件夹”的文件夹。

②按照同样的方法，在 E 盘创建另一个文件夹，创建后文件夹名为“新建文件夹（2）”。

③双击“新建文件夹”→右击空白区→“新建”(项)→“文本文档”命令。此时在此文件夹中创建一个名为“新建文本文档”的文本文件。

④按照同样的方法，创建一个 Word 文档，文档名为“新建 Microsoft Word 文档”。

2. 文件夹与文件的重命名

将“新建文件夹”、“新建文件夹（2）”、“新建文本文档”、“新建 Microsoft Word 文档”分别重新命名为“我的文件夹”、“临时文件夹”、“我的记事本”、“我的 Word”。其操作步骤如下：

右键单击“新建文件夹”→选择“重命名”(项)→输入“我的文件夹”。按照此方法分别修改其余文件夹与文件的名称。

3. 文件夹与文件的复制

将“我的记事本 . txt”文件从 E:\我的文件夹复制到 E:\临时文件夹中。其操作步骤如下：

选择 E:\我的文件夹\ 我的记事本 . txt 文件→按【Ctrl】+【C】组合键→E:\临时文件夹→按【Ctrl】+【V】组合键。

4. 文件夹与文件的移动

将“我的 Word. docx”文件从 E:\我的文件夹移动到 E:\临时文件夹中。其操作步骤如下：

选择 E:\我的文件夹\ 我的 Word. docx 文件→按【Ctrl】+【X】组合键→E:\临时文件

夹→按【Ctrl】+【V】组合键。

5. 文件夹与文件的删除

将“我的记事本.txt文件”从E:\我的文件夹中删除。其操作步骤如下：

选择E:\我的文件夹\我的记事本.txt文件→右键单击，选择“删除”按钮或按【Delete】键→弹出“删除文件夹”㊥框→选择“是”钮。

6. 文件夹与文件的属性设置

将E:\临时文件夹\我的Word.docx选择文件的属性设置为只读，将E:\我的文件夹设置为共享文件夹。其操作步骤如下：

①选择E:\临时文件夹\我的Word.docx选择文件→右键单击→选择“属性”项→单击“常规”卡→属性设置为“只读”。

②选择E:\我的文件夹→右键单击→选择“共享”项→选择“特定用户”项→输入用户名称→单击“共享”钮。

实验三　常用工具软件使用

一、实验目的

（1）掌握画图软件的使用。
（2）掌握记事本的使用。
（3）掌握截图工具的使用。
（4）掌握压缩软件的使用。

二、实验内容

（1）记事本的使用。
（2）截图工具的使用。
（3）画图软件的使用。
（4）压缩软件的使用，完成如图2-3所示效果。

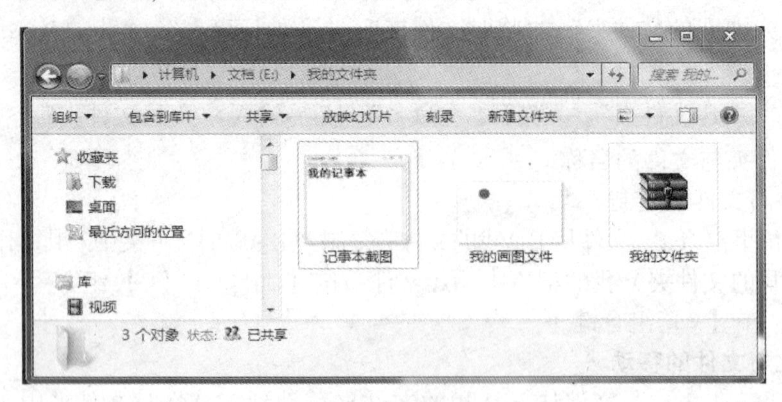

图2-3　样图

三、实验步骤

1. 记事本的使用

在 E:\临时文件夹\ 我的记事本 . txt 文件中输入“我的记事本”，字体设置为“黑体、加粗、小初号”。其操作步骤如下：

打开 E:\临时文件夹\ 我的记事本 . txt→输入“我的记事本”→选择“格式”(菜)→选择“字体”(项)→弹出“字体”(框)→设置“黑体、加粗、小初号”→“文件”(菜)→选择“保存”命令。

2. 截图工具的使用

使用附件中的截图工具，截取 E:\临时文件夹\ 我的记事本 . txt 窗口，并保存在 E:\我的文件夹中，命名为“记事本截图”。其操作步骤如下：

打开 E:\临时文件夹\ 我的记事本 . txt→单击“ ”→选择“所有程序”(项)→选择“附件”(项)→选择“截图工具”(项)→当鼠标变成“十”字形时，在记事本文件窗口上拖动鼠标即可→单击“文件”(菜)→选择“另存为”命令，保存在 E:\我的文件夹中，命名为“记事本截图”。

3. 画图软件的使用

在 E:\我的文件夹中，创建一个画图文件，并绘制一个红色的圆形，命名为“我的画图文件”。操作步骤如下：

单击“ ”→选择“所有程序”(项)→选择“附件”(项)→选择“画图”(项)→“形状”组选择“椭圆”→按住【Shift】键，拖动鼠标→在“工具”组中选择“用颜色填充”→“颜色”组中选择“红色”→单击圆形中空白区域→单击“保存”命令→选择保存位置为 E:\我的文件夹，命名为“我的画图文件”→单击“保存”(钮)。

4. 压缩软件的使用

将 E:\我的文件夹中的文件压缩成 rar 格式，放在当前文件夹中，命名为“我的压缩文件”。其操作步骤如下：

选中 E:\我的文件夹中的所有文件→右键单击→选择“添加到我的文件夹 . rar”(项)→将压缩文件重命名为“我的压缩文件”。

拓展训练　Windows 7 文件操作

一、实训任务

（1）调整桌面背景和屏幕分辨率。

（2）在 E 盘创建文件夹 EXAM，在 EXAM 文件夹中创建一个 Word 文档和记事本文件。

（3）打开记事本文件，在文件中输入自己的姓名，并保存文件，将文件命名为“我的姓名”，其属性设置为只读。

（4）绘制一个绿色的三角形，以文件名“三角形 . gif”保存在 EXAM 文件夹中。

（5）将“三角形”文件压缩成 rar 格式放在同目录下，命名为“压缩三角形”。

（6）在 EXAM 文件夹下创建一个子文件夹 E1，将文件“压缩三角形”复制到 E1 中。

（7）排列 EXAM 文件夹中的文件夹和文件，并显示详细信息。

二、参考样图

参考样图如图 2－4 所示。

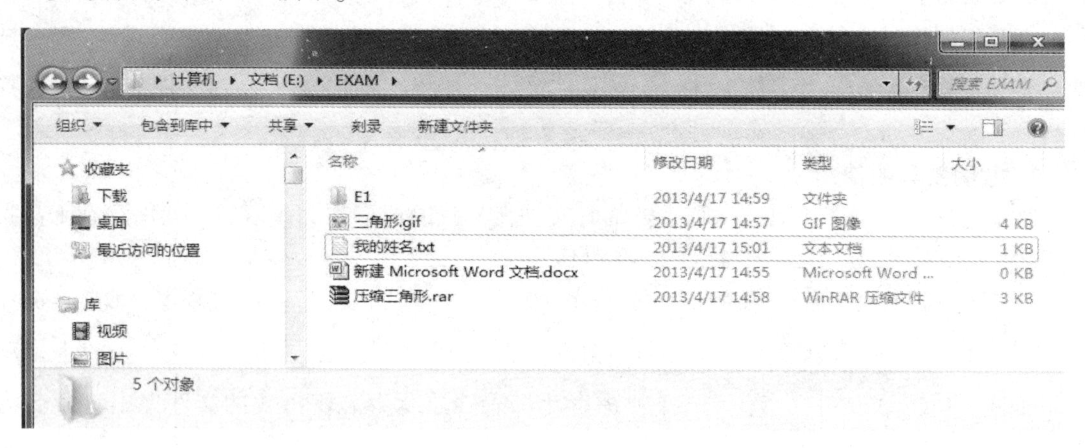

图 2－4　样图

第3章

Word 2010 文字处理软件

实验一　Word 2010 文字录入与编辑

一、实验目的

（1）熟悉 Word 2010 的编辑环境。
（2）掌握文档的操作（新建、打开、保存和关闭）。
（3）掌握文本的编辑（选定、移动、复制和删除）。
（4）掌握文本的基本操作（录入、选取、移动、复制、删除、查找及替换等）。

二、实验内容

（1）观察和熟悉 Word 2010 工作界面的组成。
（2）文档的基本操作。
（3）完成文本的输入和编辑操作，完成如图 3－1 所示效果。

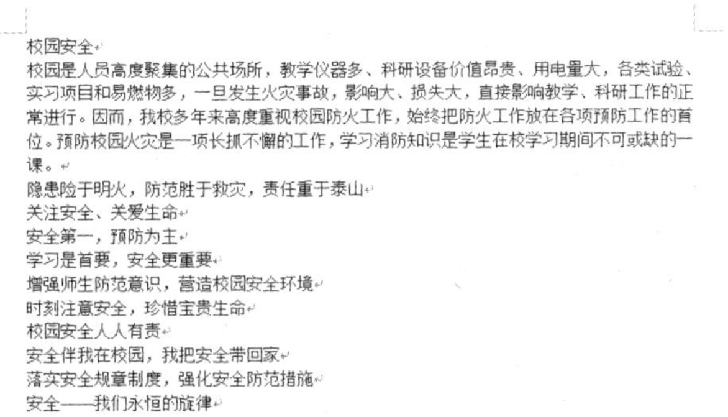

校园安全
校园是人员高度聚集的公共场所，教学仪器多、科研设备价值昂贵、用电量大，各类试验、实习项目和易燃物多，一旦发生火灾事故，影响大、损失大，直接影响教学、科研工作的正常进行。因而，我校多年来高度重视校园防火工作，始终把防火工作放在各项预防工作的首位。预防校园火灾是一项长抓不懈的工作，学习消防知识是学生在校学习期间不可或缺的一课。
隐患险于明火，防范胜于救灾，责任重于泰山
关注安全、关爱生命
安全第一，预防为主
学习是首要，安全更重要
增强师生防范意识，营造校园安全环境
时刻注意安全，珍惜宝贵生命
校园安全人人有责
安全伴我在校园，我把安全带回家
落实安全规章制度，强化安全防范措施
安全——我们永恒的旋律

图 3－1　样图

三、实验步骤

1. 观察和熟悉 Word 2010 工作界面的组成

（1）启动 Word 2010，单击“ ”→选择“所有程序”项→选择“Microsoft Office”项→选择“Microsoft Word 2010”项。

（2）观察 Word 2010 工作窗口的组成，查看标题栏、快速访问工具栏、各选项卡及其功能区、工作区以及状态栏等。

2. 文档的新建和保存

启动 Word 2010 后，默认新建一个名为“文档 1. docx”的文档，将该文档以“校园安全. docx”为名保存在“E:\LX”文件夹中，如图 3－2 所示。

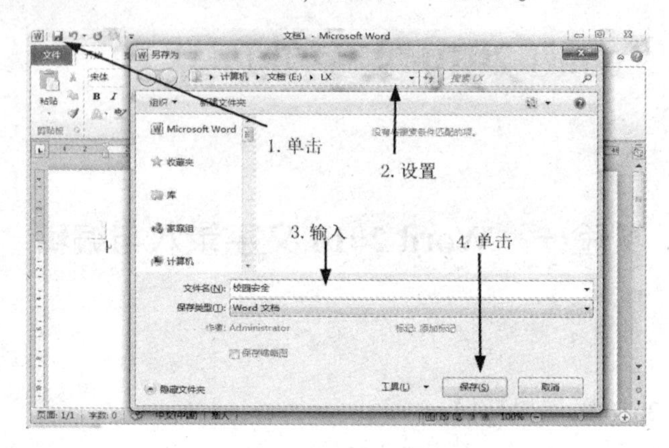

图 3－2　保存文档

3. 文本的输入和编辑

（1）在“校园安全”文档中输入文本内容，效果如图 3－1 所示。

（2）保存“校园安全”文档，退出 Word 2010。

实验二　Word 2010 文档格式化与排版

一、实验目的

（1）掌握文本和段落的格式化。

（2）掌握页眉页脚和页码的设置。

（3）掌握边框和底纹的设置。

（4）掌握页面设置和打印设置。

二、实验内容

（1）设置文本和段落的格式。

（2）使用项目符号和分栏。

（3）设置边框和底纹。

（4）插入页眉页脚。

（5）页面设置，并预览打印效果，完成如图 3－3 所示效果。

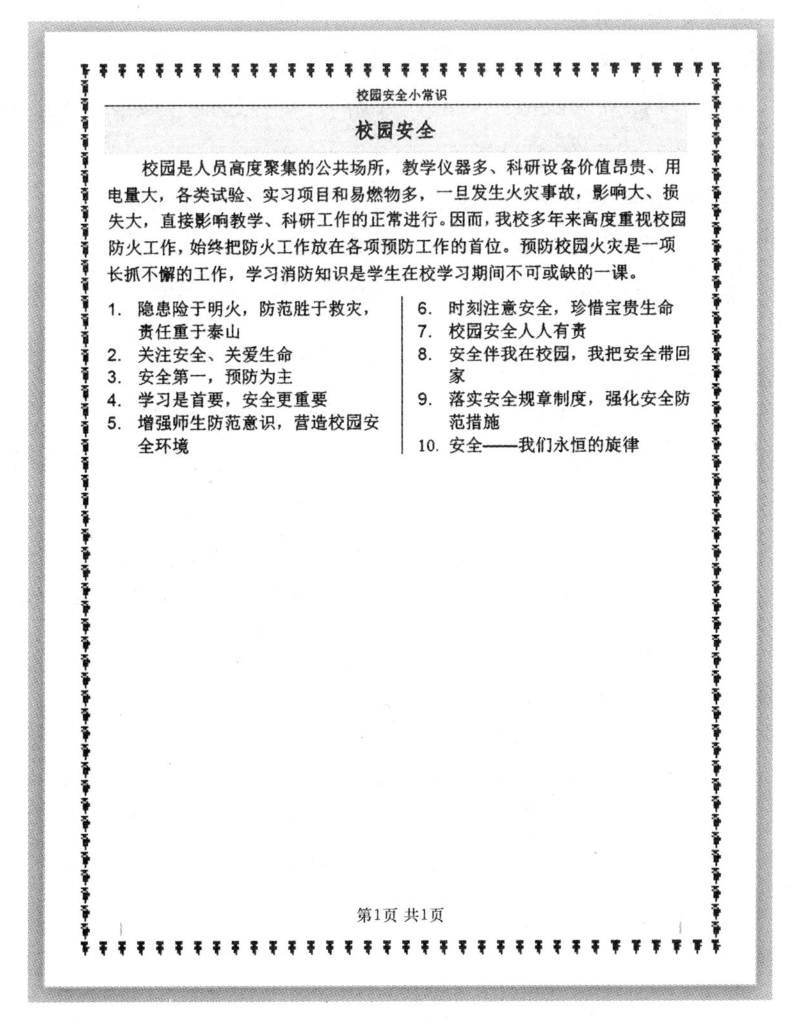
校园安全小常识

校园安全

校园是人员高度聚集的公共场所，教学仪器多、科研设备价值昂贵、用电量大，各类试验、实习项目和易燃物多，一旦发生火灾事故，影响大、损失大，直接影响教学、科研工作的正常进行。因而，我校多年来高度重视校园防火工作，始终把防火工作放在各项预防工作的首位。预防校园火灾是一项长抓不懈的工作，学习消防知识是学生在校学习期间不可或缺的一课。

1. 隐患险于明火，防范胜于救灾，责任重于泰山
2. 关注安全、关爱生命
3. 安全第一，预防为主
4. 学习是首要，安全更重要
5. 增强师生防范意识，营造校园安全环境
6. 时刻注意安全，珍惜宝贵生命
7. 校园安全人人有责
8. 安全伴我在校园，我把安全带回家
9. 落实安全规章制度，强化安全防范措施
10. 安全——我们永恒的旋律

第1页 共1页

图 3-3　样图

三、实验步骤

1. 设置文本和段落的格式

（1）打开 E:\LX\ 校园安全 . docx 文档。

（2）将标题“校园安全”字体设置为“华文仿宋、四号字”，正文文本为“小四号字”。

选中标题“校园安全”→单击“开始”㊦卡→选择“字体”㊦组→弹出“字体”㊦框：“华文仿宋”，“字号”㊦框：“四号”。按照同样的方法设置正文文本的字号。

（3）将正文第 1 段文字段落设置为“首行缩进 2 字符”，行间距设置为“固定值 18 磅”，段后距设置为“1 行”。

选择正文第 1 段文字并单击“开始”㊦卡→单击“段落”㊦组→单击功能启动按钮→弹出“段落”㊦框→设置“特殊格式”：“首行缩进”为“2 字符”→“间距”㊦组：“段后”为“1 行”，行距为“固定值 18 磅”。

2. 插入项目符号和设置分栏

（1）对正文中除第一段文字以外的段落添加编号，编号格式为“1. 、2. …”。

选择正文中除第一段以外的段落→单击“开始”㊌→选择“段落”㊊→单击“编号”㊍→选择编号为“1. 2. 3. …”的编号格式。

（2）对正文中除第一段文字以外的段落分为两栏，并添加分隔线。

选择正文中除第一段以外的段落→单击“页面布局”㊌→选择“页面设置”㊊→单击“分栏”㊍→选择“更多分栏”㊎→在“预设”中选择“两栏”，并选中“添加分隔线”复选框。

3. 设置边框和底纹

（1）给文档添加如图 3－3 所示的艺术型页面边框，宽度为“13 磅”。

单击“页面布局”㊌→选择“页面背景”㊊→单击“页面边框”㊍→选择“页面边框”㊌→选择如图 3－3 所示的艺术型页面边框，宽度为“13 磅”。

（2）给文档标题“校园安全”添加“蓝色，淡色 80%”的底纹。

选择标题“校园安全”→选择“页面布局”㊌→选择“页面背景”㊊→单击“页面边框”㊍→选择“底纹”㊌→从“填充”中选择“蓝色，淡色 80%”→单击“确定”㊍。

4. 插入页眉页脚

给文档添加页眉“校园安全小常识”，在页脚处插入页码，居中显示为“第 1 页 共 1 页”。

（1）选择“插入”㊌→选择“页眉和页脚”㊊→单击“页眉”㊍→单击“编辑页眉”命令→输入“校园安全小常识”→单击“关闭页眉和页脚”命令。

（2）选择“插入”㊌→选择“页眉和页脚”㊊→单击“页码”㊍→选择“页面底端”㊎→“加粗显示的数字 1”㊎→在页脚处显示“1/1”→在第一个“1”和第二个“1”前后分别添加“第”、“页”和“共”、“页”→显示为“第 1 页 共 1 页”→选择“开始”㊌→选择“段落”㊊→单击“居中”命令。

5. 页面设置及打印

（1）对文档进行页面设置。设置纸张大小为“16K”，页边距上、下、左、右各为“2. 0 厘米”。

选择“页面布局”㊌→选择“页面设置”㊊→单击对话框启动按钮→弹出“页面设置”㊏→上、下、左、右页边距：“2. 0 厘米”→选择“纸张”㊌→纸张大小：“16K”。

（2）打印设置。

选择“文件”㊌→选择“打印”命令→在中间窗格的“份数”微调框中设置打印份数→在“页数”上方的下拉列表框中设置打印范围→单击中间窗格的“打印”㊍进行打印。

实验三 Word 2010 表格操作

一、实验目的

（1）掌握创建表格的各种方法。

（2）熟练掌握表格的编辑：（行、列和单元格的插入与删除，行高与列宽的调整，合并与拆分单元格）。

（3）熟练掌握表格格式化操作：表格字符格式化，表格边框与底纹的设置。

二、实验内容

（1）插入表格。

（2）表格的编辑与格式化，完成如图 3－4 所示效果。

<table>
<tr><th colspan="5">校园安全调查表</th></tr>
<tr><td rowspan="2">住校生安全管理</td><td>值班人员安排</td><td></td><td>有无安全隐患</td><td></td></tr>
<tr><td>住校生人数</td><td></td><td>宿舍卫生及通风情况</td><td></td></tr>
<tr><td>学生安全教育情况</td><td colspan="4"></td></tr>
<tr><td>校园周边环境</td><td colspan="4"></td></tr>
</table>

图 3－4 样图

三、实验步骤

1. 插入表格

（1）在“校园安全”文档末尾插入一个 5 行 5 列的表格。

定位插入点→选择“插入”㊌→单击“表格”组中的“表格”㊍→在弹出的下拉列表中，选择 5 行 5 列的表格。

（2）在表格中输入如图 3－5 所示的文字。

校园安全调查表				
住校生安全管理	值班人员安排		有无安全隐患	
	住校生人数		宿舍卫生及通风情况	
学生安全教育情况				
校园周边环境				

图 3－5 校园安全调查表的数据

2. 表格的编辑与格式化

（1）分别设置以下单元格合并：第 1 行所有单元格合并；第 1 列的第 2 行与第 3 行单元格合并；第 4 行的第 2、第 3、第 4、第 5 列单元格合并；第 5 行的第 2、第 3、第 4、第 5 列单元格合并。

分别选择需要合并的单元格→右键单击→选择“合并单元格”㊠。

（2）设置所有单元格内文本居中对齐。

选择表格→单击右键→选择“单元格对齐方式”㊠→选择“居中”㊠。

（3）设置表格的行高为“1.11 厘米”，第 1 行文字设置为“宋体、四号、加粗”；其余文字设置为“仿宋、小四号、加粗”。

①选择表格→选择“布局”卡→选择“单元格大小”组→高度：“1.11”厘米。

②选中需要设置字体的文字→选择“开始”卡→选择“字体”组→设置字体、字号、加粗。

（4）设置表格的外边框为“0.5 磅双实线”。

选择表格→选择“布局”卡→选择“表”组→选择“属性”钮→弹出“表格属性”框→选择“表格”卡→单击“边框和底纹”钮→弹出“边框和底纹”框→选择“边框”卡→在右侧预览图中单击表格的外边框→选择样式为“双实线”，宽度为“0.5 磅”→在右侧预览图中单击表格的外边框即可。操作过程如图 3－6 所示。

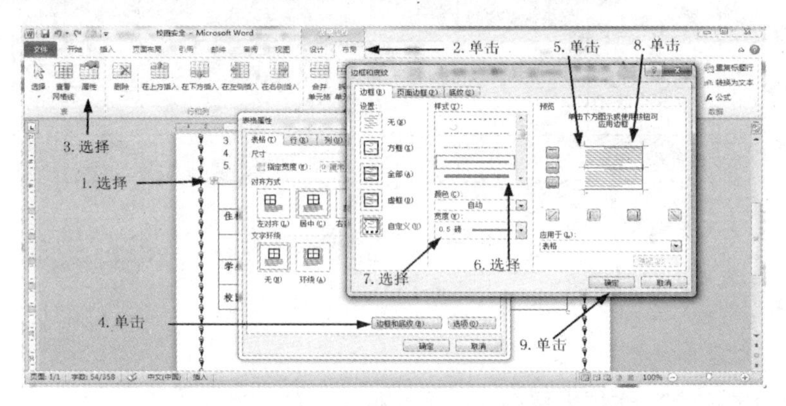

图 3－6　设置表格外边框示意图

（5）对表格的第 1 行文字设置“蓝色，淡色 80%”底纹。

选择表格第 1 行→选择“布局”卡→选择“表”组→选择“属性”命令→弹出“表格属性”框→选择“底纹”卡→填充颜色：“蓝色，淡色 80%”。

实验四　Word 2010 文档的美化

一、实验目的

（1）掌握插入图片、艺术字、文本框和绘制图形。

（2）掌握图形图像对象的格式设置，图形对象组的组合及其他操作。

二、实验内容

（1）插入剪贴画、文本框、艺术字和绘制图形。

（2）设置图形图像对象的格式，图形对象组的组合及其他操作，完成如图 3－7 所示效果。

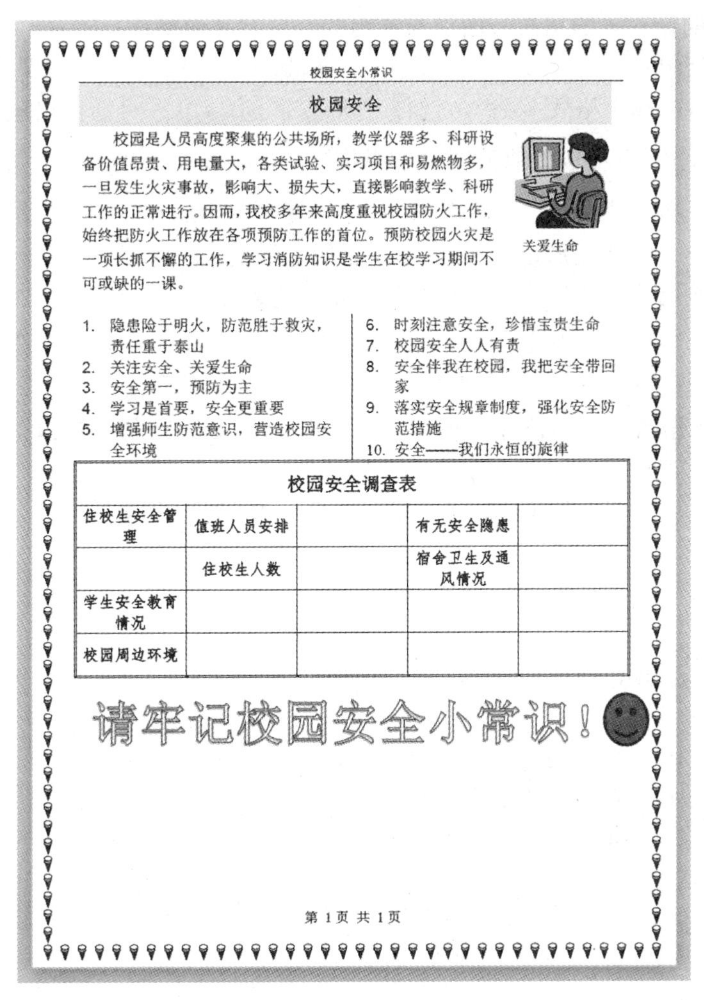
校园安全小常识

校园安全

校园是人员高度聚集的公共场所，教学仪器多、科研设备价值昂贵、用电量大，各类试验、实习项目和易燃物多，一旦发生火灾事故，影响大、损失大，直接影响教学、科研工作的正常进行。因而，我校多年来高度重视校园防火工作，始终把防火工作放在各项预防工作的首位。预防校园火灾是一项长抓不懈的工作，学习消防知识是学生在校学习期间不可或缺的一课。

1. 隐患险于明火，防范胜于救灾，责任重于泰山
2. 关注安全、关爱生命
3. 安全第一，预防为主
4. 学习是首要，安全更重要
5. 增强师生防范意识，营造校园安全环境
6. 时刻注意安全，珍惜宝贵生命
7. 校园安全人人有责
8. 安全伴我在校园，我把安全带回家
9. 落实安全规章制度，强化安全防范措施
10. 安全——我们永恒的旋律

校园安全调查表				
住校生安全管理	值班人员安排		有无安全隐患	
	住校生人数		宿舍卫生及通风情况	
学生安全教育情况				
校园周边环境				

请牢记校园安全小常识！

第 1 页 共 1 页

图 3-7　样图

三、实验步骤

1. 插入剪贴画、文本框、艺术字和绘制图形

（1）在“校园安全”文档的第 1 段后面插入剪贴画“computers”。

定位插入点→选择“插入”卡→选择“插图”组→选择“剪贴画”钮→在搜索“computers”，选择样图 3-7 中的剪贴画。

（2）在剪贴画下方插入文本框，输入文字“关爱生命”。

定位插入点→选择“插入”卡→选择“文本”组→单击“文本框”钮→选择“简单文本框”，输入“关爱生命”。

（3）在表格下方插入艺术字“请牢记校园安全小常识!”，并在其后插入一个笑脸图形。

定位插入点→选择“插入”卡→选择“文本”组→单击“艺术字”钮→选择样图 3-7 中所示的艺术字样式，输入“请牢记校园安全小常识!”。

选择“插入”卡→选择“插图”组→选择“形状”→选择“基本形状”中的笑脸形状→按住鼠标左键拖动。

2. 设置图形图像对象的格式，图形对象组的组合及其他操作

（1）设置剪贴画图片大小为宽、高各为“2.49 厘米”，将文本框的边框设置为“透明”。

选择剪贴画→选择“格式”㊦→选择“大小”㊊→单击对话框启动按钮→弹出“布局”㊑→在“大小”选项卡里取消“锁定纵横比”，输入高度和宽度：“2.49”厘米。

选择文本框→选择“格式”㊦→选择“形状轮廓”㊊→“形状轮廓”：“无轮廓”。

（2）将艺术字与笑脸图形设置为如图 3－7 所示的格式。

（3）将剪贴画与文本框组合，并设置为“四周型环绕”。

先选中文本框→按住【Ctrl】键的同时选择剪贴画→右键单击→选择“组合”㊠→单击“组合”命令。

选择图片→单击鼠标键→选择“自动换行”㊠→选择“四周型环绕”㊠。

拓展训练一　Word 2010 综合操作

一、实训任务

（1）启动 Word 2010 创建新文档，将文档命名为“故宫简介”，并输入如下文字。

故宫简介

故宫的旧称是紫禁城，占地 72 万多平方米，有楼宇 9 000 余间，建筑面积 15 万平方米。故宫是明清两代的皇宫，是我国现存最大最完整的古建筑群。永乐四年（1406 年）始建，永乐十八年基本建成，在 500 年历史中有 24 位皇帝曾居住于此。虽经明清两代多次重修和扩建，故宫仍然保持了原来的布局。

故宫被誉为世界五大宫之一（故宫、法国凡尔赛宫、英国白金汉宫、美国白宫、俄罗斯克里姆林宫），并被联合国教科文组织列为“世界文化遗产”。评委会评价：“紫禁城是中国五个多世纪以来的最高权力中心，它以园林景观和容纳了家具及工艺品的 9 000 个房间的庞大建筑群，成为明清时代中国文明无价的历史见证。”

故宫同样是一处可以移动文物的宝库，是故宫博物院所在地，可移动文物藏品超过 180 万件，其中包括珍贵文物 168 多万件。故宫 2012 年单日最高客流量突破 18 万人次，全年客流量突破 1 500 万人次，可以说是世界上接待游客最繁忙的博物馆。

（2）将标题文字设置为“四号、华文行楷，居中”；正文文字设置为“小四号、仿宋”。

（3）将正文各段落首行缩进“2 字符”，行距设为“固定值 20 磅”。

（4）将正文中所有“故宫”一词替换为“北京故宫”。

（5）在文档末尾插入如表 3－1 所示的表格。

表 3－1　文档样表

2012 年全国公休假期北京旅游接待情况				
假期名称	接待总人数/万人	比上年增长/%	旅游总收入/亿元	比上年增长/%
元旦	161.8	20.1	7.71	21.4
春节	827.3	2	34.04	9.3

（6）将文档中的表格第一行单元格合并，设置为“红色”底纹，表格内所有文本“居

中对齐”。

（7）页面设置：设置纸张大小为“16K”，页边距上、下、左、右各为“2.0 厘米”。

（8）保存退出。

二、参考样图

参考样图如图 3－8 所示。

北京故宫简介

北京故宫的旧称是紫禁城，占地 72 万多平方米，有楼宇 9 000 余间，建筑面积 15 万平方米。北京故宫是明、清两代的皇宫，是我国现存最大最完整的古建筑群。永乐四年（1406 年）始建，永乐十八年基本建成，在 500 年历史中有 24 位皇帝曾居住于此。虽经明清两代多次重修和扩建，北京故宫仍然保持了原来的布局。

北京故宫被誉为世界五大宫之一（北京故宫、法国凡尔赛宫、英国白金汉宫、美国白宫、俄罗斯克里姆林宫），并被联合国教科文组织列为“世界文化遗产”。评委会评价：“紫禁城是中国五个多世纪以来的最高权力中心，它以园林景观和容纳了家具及工艺品的9 000个房间的庞大建筑群，成为明清时代中国文明无价的历史见证。”

北京故宫同样是一处可以移动文物的宝库，是北京故宫博物院所在地，可移动文物藏品超过 180 万件，其中包括珍贵文物 168 多万件。北京故宫 2012 年单日最高客流量突破 18 万人次，全年客流量突破 1 500 万人次，可以说是世界上接待游客最繁忙的博物馆。

2012 年全国公休假期北京旅游接待情况

假期名称	接待总人数/万人	比上年增长/%	旅游总收入/亿元	比上年增长/%
元旦	161.8	20.1	7.71	21.4
春节	827.3	2	34.04	9.3

图 3－8　样图

拓展训练二　目录与公式编辑器的应用

一、实训任务

使用 Word 2010 为文档创建一个目录，目录中包含文档 1 级标题，并在文档中输入以下公式。

二、参考样图

参考样图如图 3－9 所示。

$$\sum_{p=1}^{(1+B)^2} X_{n_k}^{k_p}$$

目录

一、故宫……………………………………………………

二、圆明园…………………………………………………

三、天坛……………………………………………………

四、长城……………………………………………………

图 3－9　样图

第4章

Excel 2010 电子表格软件

实验一　Excel 2010 基本操作

一、实验目的

（1）掌握工作簿的操作（新建、保存、打开和关闭）。

（2）掌握工作表数据的输入和编辑方法（包括文本型、数值型、日期型数据等）。

（3）掌握工作表中数据的填充。

（4）掌握公式和函数的使用。

（5）掌握单元格格式的设置。

（6）掌握工作表的基本操作（选定、移动、重命名、增加、删除和复制）。

二、实验内容

（1）观察和熟悉 Excel 2010 工作界面的组成。

（2）工作簿的基本操作。

（3）完成工作表数据的输入和编辑操作。

（4）对“学生信息表”进行格式化操作。

（5）对工作表进行删除和复制等操作，完成如图 4－1 所示效果。

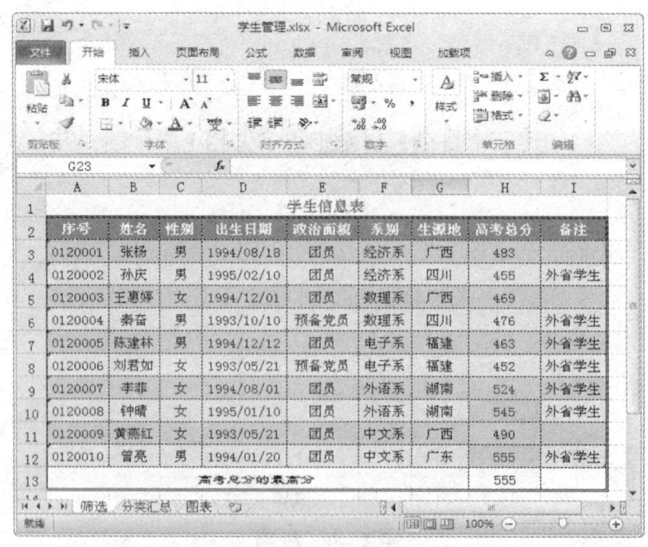

学生信息表

序号	姓名	性别	出生日期	政治面貌	系别	生源地	高考总分	备注
0120001	张杨	男	1994/08/18	团员	经济系	广西	483	
0120002	孙庆	男	1995/02/10	团员	经济系	四川	455	外省学生
0120003	王惠婷	女	1994/12/01	团员	数理系	广西	469	
0120004	秦奋	男	1993/10/10	预备党员	数理系	四川	476	外省学生
0120005	陈建林	男	1994/12/12	团员	电子系	福建	463	外省学生
0120006	刘君如	女	1993/05/21	预备党员	电子系	福建	452	外省学生
0120007	李菲	女	1994/08/01	团员	外语系	湖南	524	外省学生
0120008	钟晴	女	1995/01/10	团员	外语系	湖南	545	外省学生
0120009	黄燕红	女	1993/05/21	团员	中文系	广西	490	
0120010	曾亮	男	1994/01/20	团员	中文系	广东	555	外省学生
高考总分的最高分							555	

图 4－1　样图

三、实验步骤

1. 观察和熟悉 Excel 2010 工作界面的组成

（1）启动 Excel 2010：单击“ ”→选择“Microsoft Office”㊉项→在列表中选择“Microsoft Excel 2010”㊉项。

（2）观察 Excel 2010 工作窗口的组成，查看快速访问工具栏、各选项卡及其功能区、编辑栏、表格的行号和列号，工作表标签以及状态栏等。

2. 新建和保存工作簿

启动 Excel 2010 后，会默认新建一个名为“工作簿 1. xlsx”的文档，将该空白工作簿以“学生管理 . xlsx”为名保存在“E:\LX”文件夹中，如图 4 –2 所示。

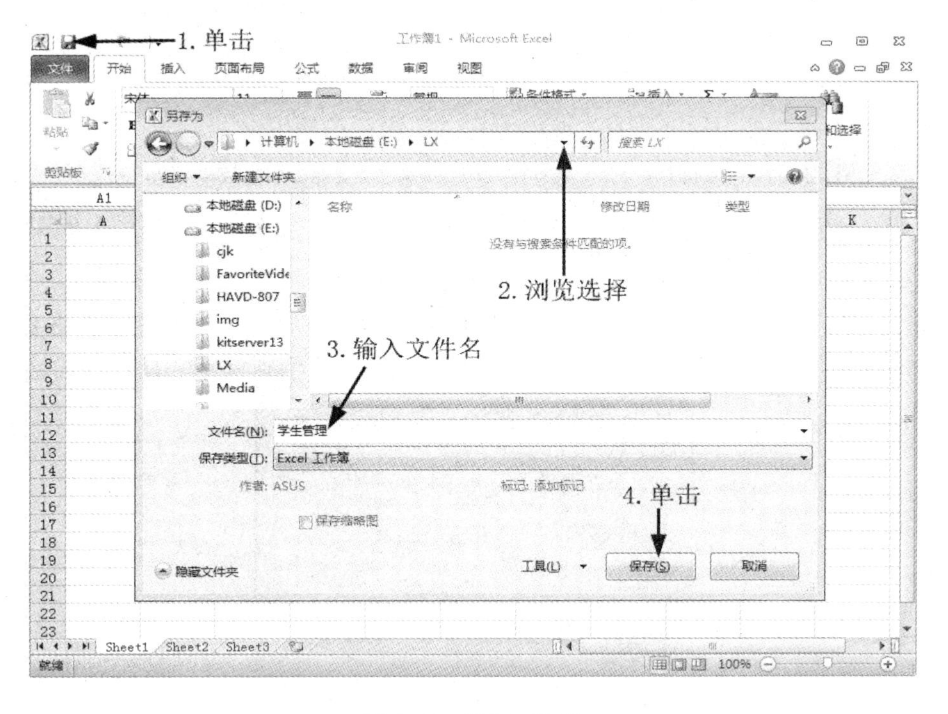

图 4 –2　保存工作簿

提示：保存文件方法与 Word 2010 的操作相同。

3. 工作表数据的输入和编辑

在“学生管理”工作簿的第一张工作表 Sheet1 中先输入学生信息表的数据，再使用公式或函数进行计算，得到如图 4 –3 所示结果。

（1）输入工作表中 A 到 H 列的学生基本数据。

①文本型数据及数字型数据的输入：先在第 1 行中依次输入各列的名称，然后输入姓名、出生日期、政治面貌、系别、生源地和高考总分等列的数据。

②文本型数据序号列的输入：选择序号列→右键单击→选择“设置单元格格式”㊉项→弹出“设置单元格格式”㊇框→选择“数字”㊈卡→“分类”中选择“文本”→单击“确

定”㊞→在 A2 单元格中输入第一个学号→把鼠标移向 A2 单元格右下角→向下拖动填充柄到单元格 A11。

	A	B	C	D	E	F	G	H	I
1	学生信息表								
2	序号	姓名	性别	出生日期	政治面貌	系别	生源地	高考总分	备注
3	0120001	张杨	男	1994-8-18	团员	经济系	广西	483	
4	0120002	孙庆	男	1995-2-10	团员	经济系	四川	455	外省学生
5	0120003	王蕙婷	女	1994-12-1	团员	数理系	广西	469	
6	0120004	秦奋	男	1993-10-10	预备党员	数理系	四川	476	外省学生
7	0120005	陈建林	男	1994-12-12	团员	电子系	福建	463	外省学生
8	0120006	刘君如	女	1993-5-21	预备党员	电子系	福建	452	外省学生
9	0120007	李菲	女	1994-8-1	团员	外语系	湖南	524	外省学生
10	0120008	钟晴	女	1995-1-10	团员	外语系	湖南	545	外省学生
11	0120009	黄燕红	女	1993-5-21	团员	中文系	广西	490	
12	0120010	曾亮	男	1994-1-20	团员	中文系	广东	555	外省学生
13	高考总分的最高分							555	

sheet1 Sheet2 Sheet3

图 4－3　学生信息表的数据

③性别列数据的输入：选择单元格 C2→输入“男”→选择单元格 C4→输入“女”→选择单元格 C3→按【Alt】+【↓】组合键→从列表中选择“男”→采用同样方法输入 C5 到 C11 单元格的性别。

（2）在“备注”列中标注所有生源地不是“广西”的学生。

选择单元格 I2→单击编辑栏的工具按钮 *fx* →弹出“插入函数”㊣→选择“IF 函数”（见图 4－4）→单击“确定”㊞→弹出“函数参数”㊣→如图 4－5 所示设置参数→单击“确定”㊞（或者在单元格 I3 中直接输入公式：=IF(G2 <>"广西","外省学生"," ")），即可在 I2 单元格得到计算结果，由于 G2 单元格是“广西”，所以 I2 单元格中的结果为空格，对应条件不成立时的结果" "；选择单元格 I2→向下拖动填充柄到单元格 I11。

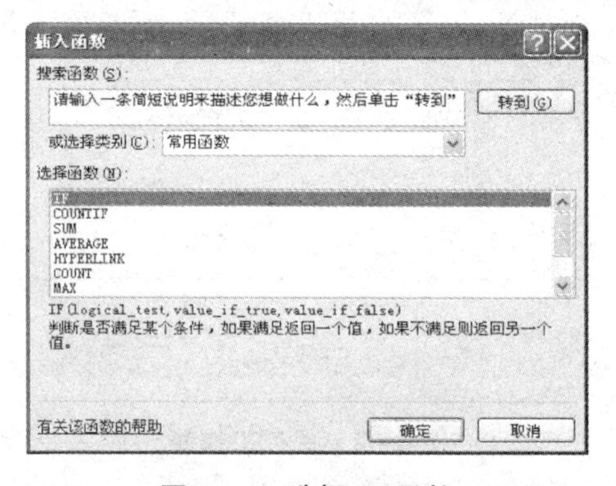

图 4－4　选择 IF 函数

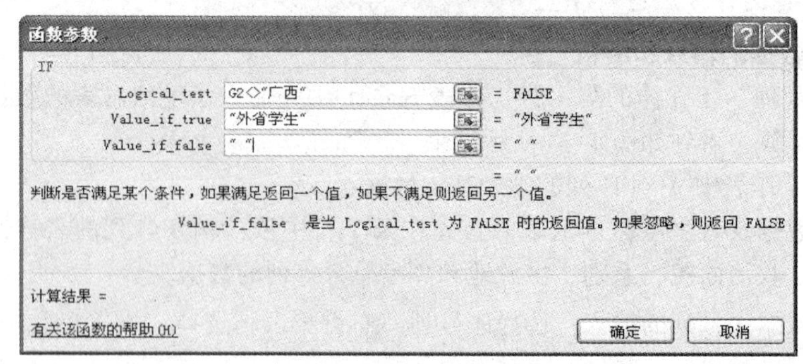

图 4－5　设置 IF 函数的参数

（3）在最后一行的下方计算出高考总分的最高分。

选择单元格 A12→输入“高考总分的最高分”→选择单元格 H12→选择“开始”㊍→单击“编辑”㊓中 Σ 自动求和 ▾→从下拉展开的列表中选取“最大值”→确认 MAX 函数的参数为“H2：H11”→按【Enter】键。

（4）插入标题行，输入表的标题“学生信息表”。

选择第 1 行→单击鼠标右键→选择“插入”㊠→在空白行的第 1 个单元格 A1 中输入“学生信息表”。

4. 工作表的格式化

（1）设置标题“学生信息表”居中显示，并设置字体、字号和颜色。

选择 A1 到 I1 单元格区域→选择“开始”㊍→单击“对齐方式”㊓中的“合并后居中”㊔→选择“开始”㊍→在“字体”㊓中设置字体：“华文中宋”，字号：“13”，颜色：“红色”。

（2）设置“高考总分的最高分”在 A13 到 G13 中居中显示，并设置字体和字号。

选择 A13 到 G13 单元格区域→选择“开始”㊍→单击“对齐方式”㊓中“合并后居中”㊔→选择“开始”㊍→“在字体”㊓中设置字体：“隶书”，字号：“12”。

（3）设置出生日期的格式。

选择 D3 到 D12 单元格区域→单击右键→选择“设置单元格格式”㊠→弹出“设置单元格格式”㊕→选择“数字”㊍→设置“分类：自定义”→将类型由“yyyy－m－d”改为“yyyy/mm/dd”→单击“确定”㊔。

（4）套用表格格式，并取消“筛选”状态。

选择 A2 到 I12 单元格区域→选择“开始”㊍→单击“样式”㊓中“套用表格格式”㊔→选定“表格样式中等深浅 9”→弹出“套用表格式”㊕→确认“表数据的来源”→单击“确定”㊔。

套用表格格式后，每列标题的右侧都有一个下拉按钮，表示数据进入筛选状态。由于没有设置筛选条件，因此工作表的记录仍可以完整显示。取消筛选：选择工作表中任一单元格→选择“数据”㊍→单击“排序和筛选”㊓中“筛选”㊔。

（5）设置单元格对齐方式。

选择 A2 到 I13 单元格区域→选择“开始”㊍→单击“对齐方式”㊓中“水平居中”☰。

（6）设置高考总分的条件格式。

选择 H3 到 H12 单元格区域→选择“开始”㊍→单击“样式”㊓中“条件格式”㊠→从展开的列表中选择“项目选取规则”㊠→从下一级列表中选择“高于平均值”㊠→弹出“高于平均值”㊕→如图 4－6 所示设置格式→单击“确定”㊔。

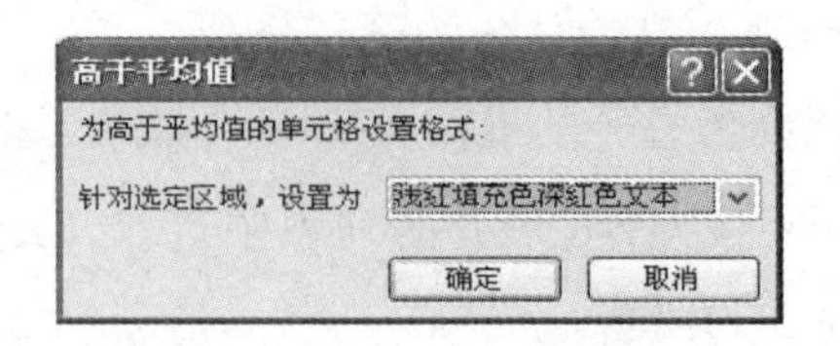

图 4－6　设置条件格式

（7）调整列宽。

选择 A 到 I 列→单击其中一个列边界自动调整到合适列宽，也可以分别拖动各列的列边界到合适列宽。

（8）调整行高。

选择第 1 行到第 13 行→右键单击→选择“行高”项→弹出“行高”框→输入行高值：“20”→单击“确定”钮。

（9）设置表格外边框。

选择 A2 到 I13 单元格区域→右键单击→选择“设置单元格格式”项→弹出“设置单元格格式”框→选择“边框”卡→选择“线条样式：双实线”→单击“外边框”钮→选择“线条样式：虚线”→单击“内部”钮→单击“确定”钮。

其操作效果如图 4－7 所示。

	A	B	C	D	E	F	G	H	I
1	学生信息表								
2	序号	姓名	性别	出生日期	政治面貌	系别	生源地	高考总分	备注
3	0120001	张杨	男	1994/08/18	团员	经济系	广西	483	
4	0120002	孙庆	男	1995/02/10	团员	经济系	四川	455	外省学生
5	0120003	王惠婷	女	1994/12/01	团员	数理系	广西	469	
6	0120004	秦奋	男	1993/10/10	预备党员	数理系	四川	476	外省学生
7	0120005	陈建林	男	1994/12/12	团员	电子系	福建	463	外省学生
8	0120006	刘君如	女	1993/05/21	预备党员	电子系	福建	452	外省学生
9	0120007	李菲	女	1994/08/01	团员	外语系	湖南	524	外省学生
10	0120008	钟晴	女	1995/01/10	团员	外语系	湖南	545	外省学生
11	0120009	黄燕红	女	1993/05/21	团员	中文系	广西	490	
12	0120010	曾亮	男	1994/01/20	团员	中文系	广东	555	外省学生
13	高考总分的最高分							555	

sheet1　Sheet2　Sheet3

图 4－7　工作表格式化的结果

5. 工作表的删除和复制

（1）删除工作表 Sheet2 和 Sheet3。

单击工作表 Sheet2 标签→按住【Ctrl】再单击 Sheet3 标签→右键单击→选择“删除”项→弹出删除询问对话框→单击“删除”钮。

（2）复制工作表 Sheet1 生成两个副本。

单击工作表 Sheet1 标签→按住【Ctrl】往右拖动鼠标一次→重复操作一次，即可得到工作表 Sheet1 的两个副本 Sheet1（2）和 Sheet1（3）。

（3）分别将三张工作表重命名为“筛选”、“分类汇总”和“图表”。

双击工作表 Sheet1 标签→输入“筛选”→按【Enter】键；双击工作表 Sheet1（2）标

签→输入“分类汇总”→按【Enter】键；双击工作表 Sheet1（3）标签→输入“图表”→按【Enter】键，最后得到如图 4－1 所示效果。

（4）保存工作簿“学生管理”，退出 Excel 2010。

实验二　Excel 2010 数据管理和分析

一、实验目的

（1）掌握 Excel 2010 中数据排序的操作。

（2）掌握 Excel 2010 中数据筛选的操作。

（3）掌握 Excel 2010 中数据分类汇总的操作。

二、实验内容

（1）数据排序，得到如图 4－8 和图 4－9 所示效果。

学生信息表

序号	姓名	性别	出生日期	政治面貌	系别	生源地	高考总分	备注
0120010	曾亮	男	1994/01/20	团员	中文系	广东	555	外省学生
0120008	钟晴	女	1995/01/10	团员	外语系	湖南	545	外省学生
0120007	李菲	女	1994/08/01	团员	外语系	湖南	524	外省学生
0120009	黄燕红	女	1993/05/21	团员	中文系	广西	490	
0120001	张杨	男	1994/08/18	团员	经济系	广西	483	
0120004	秦奋	男	1993/10/10	预备党员	数理系	四川	476	外省学生
0120003	王惠婷	女	1994/12/01	团员	数理系	广西	469	
0120005	陈建林	男	1994/12/12	团员	电子系	福建	463	外省学生
0120002	孙庆	男	1995/02/10	团员	经济系	四川	455	外省学生
0120006	刘君如	女	1993/05/21	预备党员	电子系	福建	452	外省学生
高考总分的最高分							555	

筛选　分类汇总　图表

图 4－8　排序样图一

学生信息表

序号	姓名	性别	出生日期	政治面貌	系别	生源地	高考总分	备注
0120006	刘君如	女	1993/05/21	预备党员	电子系	福建	452	外省学生
0120009	黄燕红	女	1993/05/21	团员	中文系	广西	490	
0120007	李菲	女	1994/08/01	团员	外语系	湖南	524	外省学生
0120003	王惠婷	女	1994/12/01	团员	数理系	广西	469	
0120008	钟晴	女	1995/01/10	团员	外语系	湖南	545	外省学生
0120004	秦奋	男	1993/10/10	预备党员	数理系	四川	476	外省学生
0120010	曾亮	男	1994/01/20	团员	中文系	广东	555	外省学生
0120001	张杨	男	1994/08/18	团员	经济系	广西	483	
0120005	陈建林	男	1994/12/12	团员	电子系	福建	463	外省学生
0120002	孙庆	男	1995/02/10	团员	经济系	四川	455	外省学生
高考总分的最高分							555	

筛选　分类汇总　图表

图 4－9　排序样图二

（2）数据筛选，得到如图 4 - 10 所示效果。

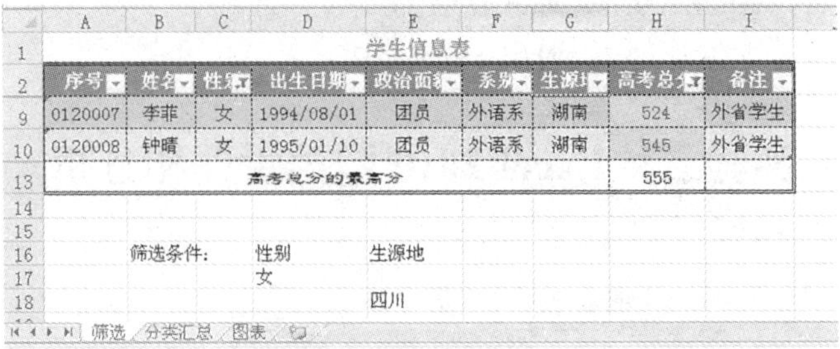

	A	B	C	D	E	F	G	H	I
1					学生信息表				
2	序号	姓名	性别	出生日期	政治面貌	系别	生源地	高考总分	备注
9	0120007	李菲	女	1994/08/01	团员	外语系	湖南	524	外省学生
10	0120008	钟晴	女	1995/01/10	团员	外语系	湖南	545	外省学生
13				高考总分的最高分				555	
14									
15									
16		筛选条件:	性别		生源地				
17			女						
18					四川				

筛选　分类汇总　图表

图 4 - 10　筛选样图

（3）分类汇总，得到如图 4 - 11 所示效果。

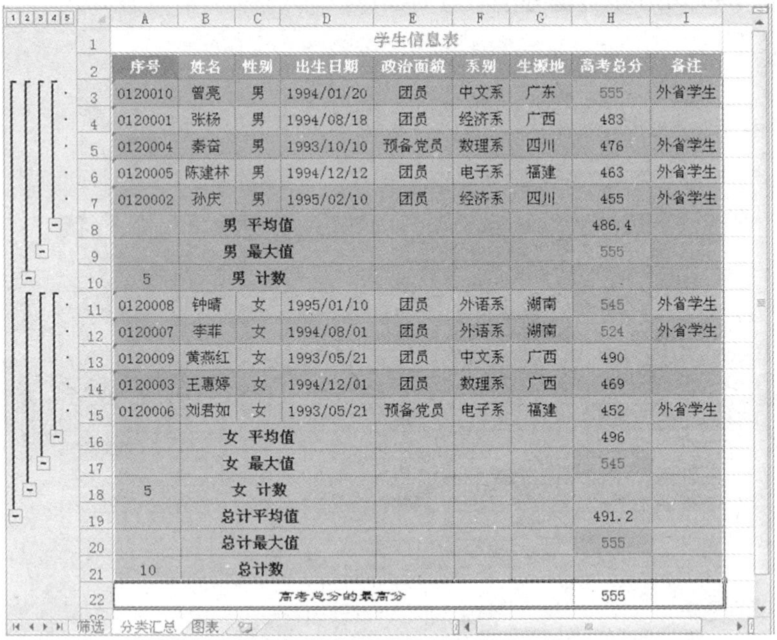

	A	B	C	D	E	F	G	H	I
1					学生信息表				
2	序号	姓名	性别	出生日期	政治面貌	系别	生源地	高考总分	备注
3	0120010	曾亮	男	1994/01/20	团员	中文系	广东	555	外省学生
4	0120001	张杨	男	1994/08/18	团员	经济系	广西	483	
5	0120004	秦奋	男	1993/10/10	预备党员	数理系	四川	476	外省学生
6	0120005	陈建林	男	1994/12/12	团员	电子系	福建	463	外省学生
7	0120002	孙庆	男	1995/02/10	团员	经济系	四川	455	外省学生
8			男 平均值					486.4	
9			男 最大值					555	
10	5		男 计数						
11	0120008	钟晴	女	1995/01/10	团员	外语系	湖南	545	外省学生
12	0120007	李菲	女	1994/08/01	团员	外语系	湖南	524	外省学生
13	0120009	黄燕红	女	1993/05/21	团员	中文系	广西	490	
14	0120003	王惠婷	女	1994/12/01	团员	数理系	广西	469	
15	0120006	刘君如	女	1993/05/21	预备党员	电子系	福建	452	外省学生
16			女 平均值					496	
17			女 最大值					545	
18	5		女 计数						
19			总计平均值					491.2	
20			总计最大值					555	
21	10		总计数						
22				高考总分的最高分				555	

筛选　分类汇总　图表

图 4 - 11　分类汇总样图

三、实验步骤

1. 数据排序

（1）打开 E:\LX\ 学生管理 . xlsx。

（2）在“分类汇总”工作表中，按“高考总分”降序排序。

单击“分类汇总”标签→选择“高考总分”列任一单元格→右键单击→选择“排序”㊟项→从展开的列表中选择“降序”项，得到如图 4 - 8 所示效果。

（3）在“图表”工作表中，按主关键字“性别”降序排序，次要关键字“出生日期”升序排序。

单击“图表”标签→选择 A2 到 I12 区域内的任一单元格→选择“数据”卡→单击“排序和筛选”组中的“排序”钮→弹出“排序”框→从“主要关键字”的下拉列表中

选择“性别”→从“次序”的下拉列表中选择“降序”→单击“添加条件”钮→从“次要关键字”的下拉列表中选择“出生日期”→从对应的“次序”下拉列表中选择“升序”→单击“确定”钮，得到如图 4－9 所示效果。

2. 数据筛选

（1）在“筛选”工作表中，用“高级筛选”的方式筛选出所有的女学生和所有来自四川的学生。

单击“筛选”标签→在数据区域下方至少空一行的位置中输入筛选条件（见图 4－10）→选择数据区域中任一单元格→选择“数据”卡→单击“排序和筛选”组中的“高级”钮→弹出“高级筛选”框→选择“筛选方式”为“将筛选结果复制到其他位置”→确定“列表区域”对应整个数据区域→在“条件区域”中设置“D16：E18”→在“复制到”中设置为“K3”（K3 作为结果显示的起始位置）→单击“确定”钮，适当调整列宽即可得到如图 4－12 所示筛选结果。

筛选结果：

序号	姓名	性别	出生日期	政治面貌	系别	生源地	高考总分	备注
0120002	孙庆	男	1995/02/10	团员	经济系	四川	455	外省学生
0120003	王惠婷	女	1994/12/01	团员	数理系	广西	469	
0120004	秦奋	男	1993/10/10	预备党员	数理系	四川	476	外省学生
0120006	刘君如	女	1993/05/21	预备党员	电子系	福建	452	外省学生
0120007	李菲	女	1994/08/01	团员	外语系	湖南	524	外省学生
0120008	钟晴	女	1995/01/10	团员	外语系	湖南	545	外省学生
0120009	黄燕红	女	1993/05/21	团员	中文系	广西	490	

图 4－12　高级筛选的结果

（2）在“筛选”工作表中，筛选出“高考总分”大于等于 500 分的女学生。

选择“筛选”工作表中数据区域任一单元格→选择“开始”卡→单击“编辑”组中“排序和筛选”钮→从列表中选择“筛选”项，数据进入“筛选”状态→单击 C2 单元格“性别”旁的下拉按钮→取消勾选“男”→单击“确定”钮→单击 H2 单元格“高考总分”旁的下拉按钮→从列表中选择“数字筛选”项→从展开的下一级列表中选择“大于或等于”项→弹出“自定义自动筛选方式”框→设置筛选方式为“高考总分大于等于 500”→单击“确定”钮，得到图 4－10 中左侧部分的筛选效果。

3. 分类汇总

（1）在“分类汇总”工作表中，按“性别”统计男生和女生的人数。

选择“性别”列任一单元格→右键单击→选择“排序”项→从列表中选择“升序”项→选择 A2：I12 区域→右键单击→选择“表格”项→从展开的列表中选择“转换为区域”项→弹出“转换表格为普通区域”框→单击“是”钮；选择 A2 到 I13 区域→选择“数据”卡→选择“分级显示”组中的“分类汇总”钮→弹出“分类汇总”框→在

“分类字段”下拉列表中选择“性别”，“汇总项”中选择“序号”，“汇总方式”下拉列表中选择“计数”→单击“确定”㊟钮，得到如图 4－13 所示效果。

学生信息表								
序号	姓名	性别	出生日期	政治面貌	系别	生源地	高考总分	备注
0120010	曾亮	男	1994/01/20	团员	中文系	广东	555	外省学生
0120001	张杨	男	1994/08/18	团员	经济系	广西	483	
0120004	秦奋	男	1993/10/10	预备党员	数理系	四川	476	外省学生
0120005	陈建林	男	1994/12/12	团员	电子系	福建	463	外省学生
0120002	孙庆	男	1995/02/10	团员	经济系	四川	455	外省学生
5	男 计数							
0120008	钟晴	女	1995/01/10	团员	外语系	湖南	545	外省学生
0120007	李菲	女	1994/08/01	团员	外语系	湖南	524	外省学生
0120009	黄燕红	女	1993/05/21	团员	中文系	广西	490	
0120003	王惠婷	女	1994/12/01	团员	数理系	广西	469	
0120006	刘君如	女	1993/05/21	预备党员	电子系	福建	452	外省学生
5	女 计数							
10	总计数							
高考总分的最高分							555	

图 4－13　分类汇总效果图一

（2）在原有汇总的基础上再按“性别”汇总“高考总分”的最高分和平均分。

选择 A2 到 I15 区域→选择“数据”㊦→单击“分级显示”㊟中“分类汇总”㊟→弹出“分类汇总”㊟→在“分类字段”下拉列表中选择“性别”，“汇总项”中选择“高考总分”，“汇总方式”下拉列表中选择“最大值”→单击以取消“替换当前分类汇总”复选框→单击“确定”㊟钮，得到如图 4－14 所示效果。

学生信息表								
序号	姓名	性别	出生日期	政治面貌	系别	生源地	高考总分	备注
0120010	曾亮	男	1994/01/20	团员	中文系	广东	555	外省学生
0120001	张杨	男	1994/08/18	团员	经济系	广西	483	
0120004	秦奋	男	1993/10/10	预备党员	数理系	四川	476	外省学生
0120005	陈建林	男	1994/12/12	团员	电子系	福建	463	外省学生
0120002	孙庆	男	1995/02/10	团员	经济系	四川	455	外省学生
	男 最大值						555	
5	男 计数							
0120008	钟晴	女	1995/01/10	团员	外语系	湖南	545	外省学生
0120007	李菲	女	1994/08/01	团员	外语系	湖南	524	外省学生
0120009	黄燕红	女	1993/05/21	团员	中文系	广西	490	
0120003	王惠婷	女	1994/12/01	团员	数理系	广西	469	
0120006	刘君如	女	1993/05/21	预备党员	电子系	福建	452	外省学生
	女 最大值						545	
5	女 计数							
	总计最大值						555	
10	总计数							
高考总分的最高分							555	

图 4－14　分类汇总效果图二

选择 A2 到 I18 区域→选择“数据”㊦→单击“分级显示”㊟中“分类汇总”㊟→弹出“分类汇总”㊟→在“分类字段”下拉列表中选择“性别”，“汇总项”中选择“高考总分”，“汇总方式”下拉列表中选择“平均值”→单击以取消“替换当前分类汇总”复选框→单击“确定”㊟钮，得到如图 4－11 所示效果。

（3）保存工作簿“学生管理”，退出 Excel 2010。

实验三　Excel 2010 图表操作

一、实验目的

（1）掌握 Excel 2010 图表的创建。

（2）掌握 Excel 2010 图表的编辑。

（3）掌握 Excel 2010 图表的格式化。

二、实验内容

（1）图表的创建。

（2）图表的编辑。

（3）图表的格式化，得到如图 4－15 所示效果。

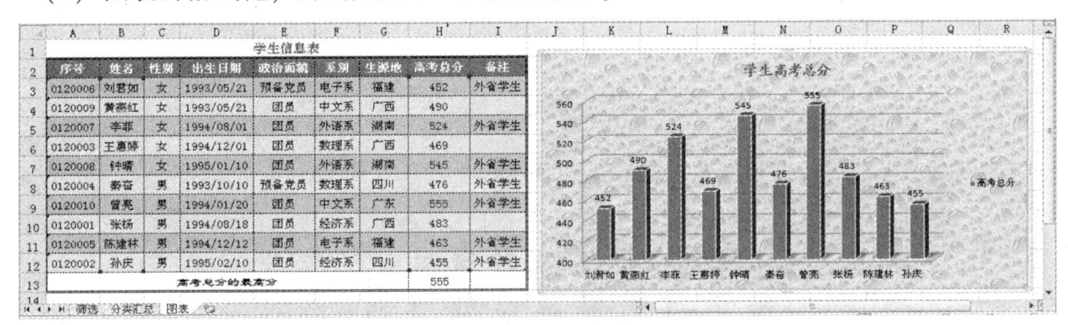

学生信息表

序号	姓名	性别	出生日期	政治面貌	系别	生源地	高考总分	备注
0120006	刘君如	女	1993/05/21	预备党员	电子系	福建	452	外省学生
0120009	黄燕红	女	1993/05/21	团员	中文系	广西	490	
0120007	李菲	女	1994/08/01	团员	外语系	湖南	524	外省学生
0120003	王惠婷	女	1994/12/01	团员	数理系	广西	469	
0120008	钟晴	女	1995/01/10	团员	外语系	湖南	545	外省学生
0120004	秦奋	男	1993/10/10	预备党员	数理系	四川	476	外省学生
0120010	曾亮	男	1994/01/20	团员	中文系	广东	555	外省学生
0120001	张杨	男	1994/08/18	团员	经济系	广西	483	
0120005	陈建林	男	1994/12/12	团员	电子系	福建	463	外省学生
0120002	孙庆	男	1995/02/10	团员	经济系	四川	455	外省学生
高考总分的最高分							555	

图 4－15　样图

三、实验步骤

1. 图表的创建

（1）打开 E：\LX\ 学生管理 . xlsx。

（2）创建学生高考总分的三维柱形图。

单击“图表”标签→选择 B2 到 B12 区域→按住【Ctrl】键再选择 H2 到 H12 区域→选择“插入”卡→单击“图表”组中“柱形图”钮→从列表中选择“三维簇状柱形图”项，得到如图 4－16 所示效果。

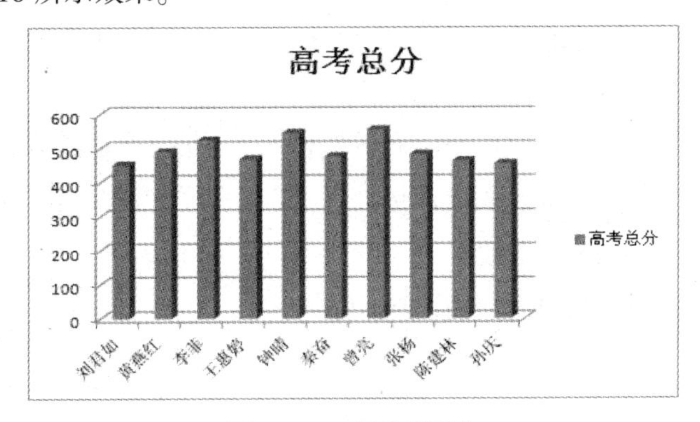

图 4－16　创建的图表

2. 图表的编辑

（1）调整图表大小，并移动到工作表中合适的位置。

在“图表”工作表中选择已创建的图表→通过图表边框的 8 个尺寸控制点将图表调整到合适大小，使得学生名字能够横向显示→拖动图表到合适位置。

（2）显示“高考总分”系列的数据标签。

选择图表→选择“图表工具—布局”Ⓚ卡→单击“标签”组中“数据标签”钮→从列表中选择“显示”项。

（3）设置分数刻度的最小值为“400”，主要刻度为“20”。

选择图表→选择“图表工具—布局”卡→在“当前所选内容”组中“图表元素”的下拉列表框中选择“垂直（值）轴”→单击列表框下方“设置所选内容格式”钮→弹出“设置坐标轴格式”框→“最小值”中固定：“400”，“主要刻度单位”中固定：“20”→单击“关闭”钮，得到如图 4－17 所示效果。

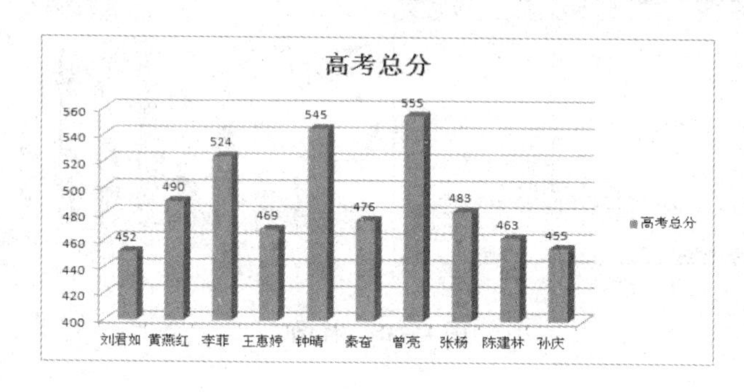

图 4－17　编辑后的图表

3. 图表的格式化

（1）选用图表的样式 11。

选择图表→选择“图表工具—设计”卡→单击“图表样式”组中其他按钮→选择图表样式 11。

（2）输入图表标题“学生高考总分”，并设置字体为“楷体、14、红色”。

选择图表标题→单击右键→选择“编辑文字”项→输入标题为“学生高考总分”→选择“开始”卡→在“字体”组中设置字体：“楷体”，字号：“ 14”，颜色：“红色”。

（3）为图表区填充纹理背景。

选择图表→右键单击→选择“设置图表区域格式”项→弹出“设置图表区格式”框→选择“填充”卡→选择“图片或纹理填充”项→在“纹理”中选择“水滴”→单击“关闭”钮，得到如图 4－15 所示效果。

（4）保存工作簿“学生管理”，退出 Excel 2010。

拓展训练一　奥运会奖牌表的制作

一、实训任务

(1) 启动 Excel 2010，在新工作簿中创建如图 4－18 所示工作表，将工作表命名为“奖牌数”。

	A	B	C	D	E
1	国家/地区	金牌	银牌	铜牌	奖牌总数
2	中国	177	98	90	
3	韩国	72	59	84	
4	日本	37	68	81	
5	伊朗	19	11	23	
6	哈萨克斯坦	12	17	32	
7	中华台北	12	12	33	
8	其他	80	146	215	
9	合计				

奖牌数 Sheet2 Sheet3

图 4－18　奖牌数工作表数据

(2) 使用公式或函数，计算金牌、银牌和铜牌列的合计以及计算出各国家的奖牌总数。
(3) 设置单元格数据的水平和垂直居中。
(4) 设置工作表的内部边框为“黑色单实线”，外边框为“黑色双实线”。
(5) 将工作表数据按奖牌总数降序排列。
(6) 为工作表创建如图 4－19 所示的分离型三维饼图，并插入到当前工作表中。
(7) 将工作簿保存在“E:\LX”文件夹中，文件命名为“奥运会奖牌统计表.xlsx”。

二、参考样图

参考样图如图 4－19 所示。

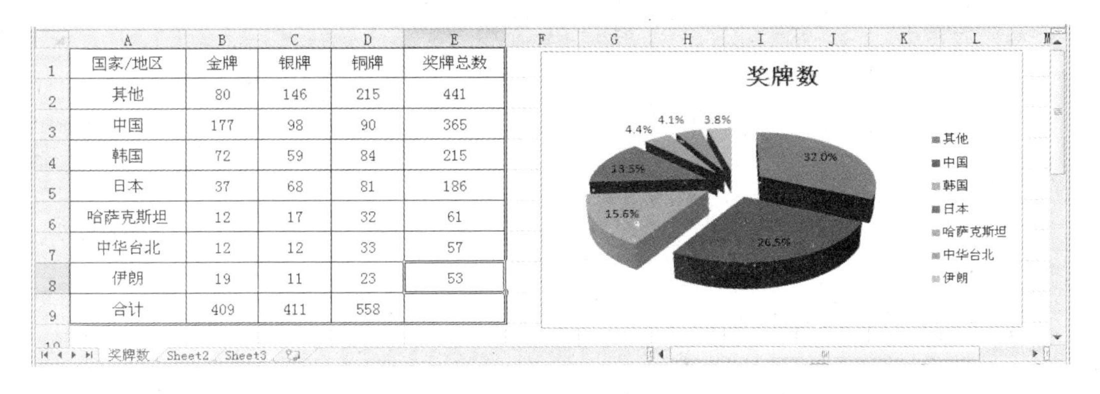

	A	B	C	D	E
1	国家/地区	金牌	银牌	铜牌	奖牌总数
2	其他	80	146	215	441
3	中国	177	98	90	365
4	韩国	72	59	84	215
5	日本	37	68	81	186
6	哈萨克斯坦	12	17	32	61
7	中华台北	12	12	33	57
8	伊朗	19	11	23	53
9	合计	409	411	558	

图 4－19　样图

拓展训练二　商品销售表的数据分析

一、实训任务

使用 Excel 2010 创建一个商品的销售表，录入北京、上海、广州、西安、成都和青岛等地 2008—2012 年各年度的销售数据，反映显示出各地区的销售趋势，设置工作表的边框线和文本对齐，再创建一个三维柱形图进行销售数据分析。

二、参考样图

参考样图如图 4－20 所示。

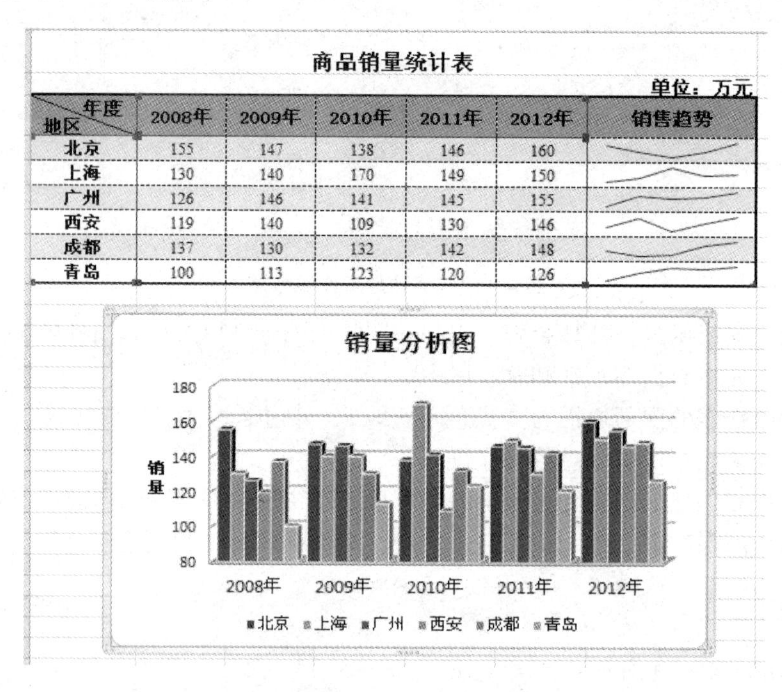

商品销量统计表

单位：万元

年度 地区	2008年	2009年	2010年	2011年	2012年	销售趋势
北京	155	147	138	146	160	
上海	130	140	170	149	150	
广州	126	146	141	145	155	
西安	119	140	109	130	146	
成都	137	130	132	142	148	
青岛	100	113	123	120	126	

图 4－20　样图

第 5 章

网络基础知识及应用

实验　计算机网络应用

一、实验目的

(1) 熟悉 IE9.0 浏览器环境和窗口组成。

(2) 掌握网上漫游操作。

(3) 掌握申请个人电子信箱的方法。

(4) 掌握收发电子邮件、打开和保存附件、回复邮件等方法。

(5) 熟悉 Internet 协议 (TCP/IP)，掌握 IP 地址各项属性的含义及设置、修改的方法。

二、实验内容

(1) 浏览器基本操作，得到如图 5－1 所示效果。

(2) 申请免费电子邮箱和收发电子邮件。

(3) 用 Outlook 2010 收发电子邮件。

(4) 用 Foxmail 7.0 收发电子邮件。

(5) 查看并设置计算机的 IP 地址。

图 5－1　效果图

三、实验步骤

1. 浏览器基本操作

（1）启动 IE 9.0。

（2）在 IE 9.0 中访问网页可有以下两种方法。

方法一：从地址栏中输入“www. sina. com. cn”并回车，可打开新浪首页，如图 5 –2 所示。

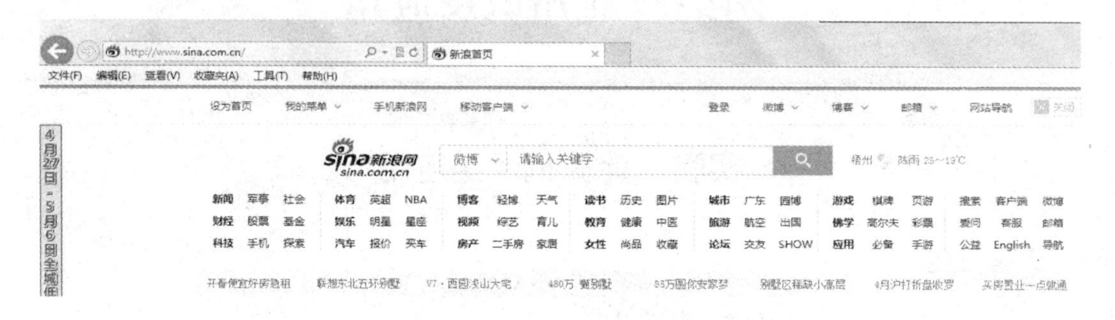

图 5 –2　从地址栏中输入网址

方法二：打开“文件”㊟→选择“打开”㊟→输入网站地址→单击“确定”㊟，也可打开网页，如图 5 –3 所示。

图 5 –3　“打开”对话框

（3）把鼠标移到网页中想浏览的标题，待出现手形后单击鼠标左键，即可浏览该网站的不同网页。若想回到浏览过的网页，可以单击工具栏中的“后退”㊟，返回到浏览过的网页，如图 5 –4 所示。

图 5 –4　通过“后退”按钮或“收藏夹”访问网页

（4）在网上浏览时，对感兴趣的网页，可打开“收藏夹”㊟→单击“添加到收藏夹”㊟，需要时打开“收藏夹”㊟菜，单击其中的列表项，即可快速访问该网页，如图5-4所示。

（5）对已经输入过的网页地址，单击地址栏右侧的小三角形，找到该网页地址，单击即可重新访问该网页，如图5-5所示。

图5-5　通过历史记录再次访问网页

（6）在“文件”㊟菜中→选择“另存为”㊟项，指定保存路径和文件名→单击“保存”㊟钮，可以保存当前网页。

（7）在IE 9.0地址栏中输入“www. baidu. com”并回车，进入百度首页，在搜索文本框中输入要查找的关键字，如“世界知识产权日”，按“回车”键或单击“搜索”㊟钮，即可搜索到有关世界知识产权日的信息条目，单击某条目可进入相关链接网页。

2. 申请免费电子邮箱和收发电子邮件

很多大的门户网站都提供免费电子邮箱，如网易、新浪和腾讯等。

（1）申请新浪个人电子信箱。在IE 9.0地址栏中输入“http://mail. sina. com. cn/”并回车，进入新浪邮箱主页，如图5-6所示。

图5-6　新浪邮箱主页

（2）单击“立即注册”㊥，进入到注册邮箱网页，如图 5 – 7 所示。

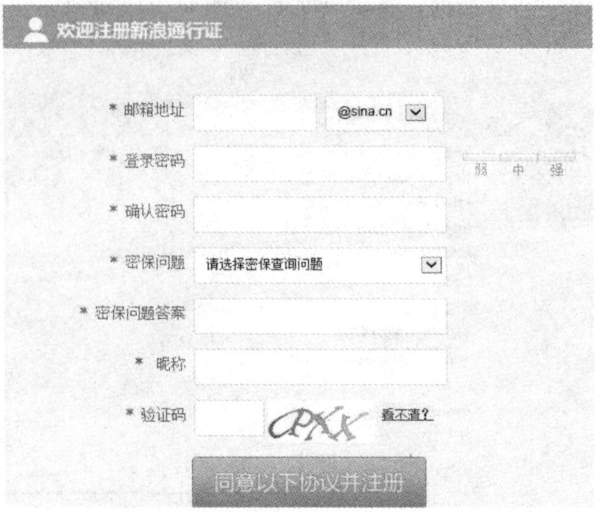

图 5 – 7　注册新浪邮箱网页

（3）先阅读服务条款，如完全接受，填写注册邮箱的个人信息，单击“同意以下协议并注册”㊥，如果资料填写正确，将出现注册成功网页。否则，按出错提示修改注册信息，直到注册成功。出现注册成功并激活后，即可使用自己的邮箱。

（4）注册成功后可直接登录邮箱，如果下次进入邮箱，可从 http://mail. sina. com. cn/网页登录自己的免费邮箱。登录后的邮箱页面如图 5 – 8 所示。

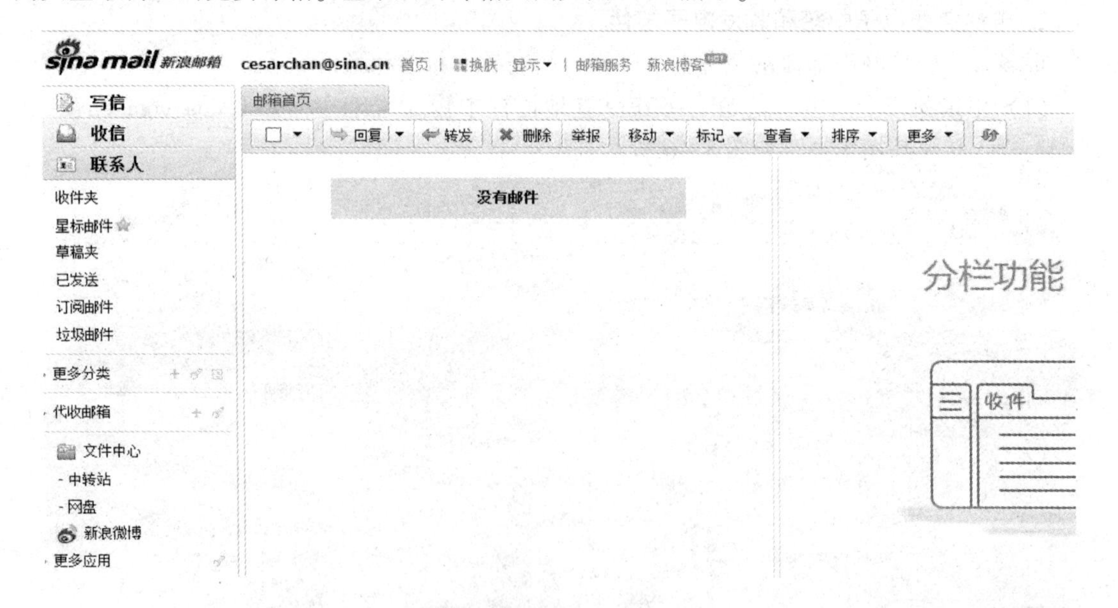

图 5 – 8　新浪邮箱页面

（5）创建新邮件。其主要工作包括填写收件人姓名、地址，输入、编辑信件的主题和正文，必要时还要插入附件。其具体步骤如下：

①启动 IE 9.0 浏览器，进入 http://mail. sina. com. cn/界面，出现新浪网站信箱主页，

登录进入自己的免费邮箱，单击“写信”钮，如图 5 –9 所示。

图 5 –9　写邮件

② 在“收件人”框中输入收件人的电子邮件地址，若同时发送给多人，可在“收件人”框输入其他人的电子邮件地址，可用分号或逗号分开，否则可以留空。

③在“主题”框中输入邮件主题，以便让收件人不打开信件就可知道信件内容。

④在窗口下方的邮件编辑框中输入邮件正文，若正文内容太多，可先用 Word 编辑好。

⑤若有独立的文件需要随正文一起发送，可以使用添加附件的功能。方法是：单击“上传附件”钮，在选择文件对话框中选择附件所在的路径和文件名，该文件就附加到要发送的邮件上。当邮件发送时，附件也就随之发送。

(6) 新邮件写好后，单击“发送”钮，邮件即可发出。如果发送成功，会出现发送成功的提示，否则，也会出现发送不成功的提示。

(7) 若想接收别人发来的邮件，只要在邮箱网页中单击“收信”钮，邮件就会从邮件服务器下载到本地用户信箱，并保存在“收件箱”显示邮件的列表区。单击邮件列表条目的发件人或主题，就可以阅读邮件了。

(8) 保存附件。对于带附件的邮件，可以选择将附件打开或存储到硬盘中，其操作步骤如下：

①在邮件列表区单击带附件的邮件的发件人或主题，进入阅读邮件的页面，此时附件以图标的形式出现在“附件”框中。

②单击附件名或“下载附件”钮，出现打开或保存附件框。

③单击对话框“打开”钮，即可阅读附件。单击对话框“保存”钮，可将附件保存到文件夹中。

（9）如果需要回复邮件，则进行以下操作：

①进入阅读邮件的页面。

②单击工具栏上的“回复”钮，在“回复”窗口的“收件人”框中会自动列出回复邮件的地址，原邮件的主题前加有“Re：”字样，原邮件的正文被自动加入回复邮件的正文编辑区的下半部分，供用户参考或修改。

③写好回信后，单击“发送”钮，将回复邮件发送到收件人的信箱中。

3. 用 Outlook 2010 收发电子邮件

（1）启动电子邮件管理程序 Outlook 2010，如图 5－10 所示。

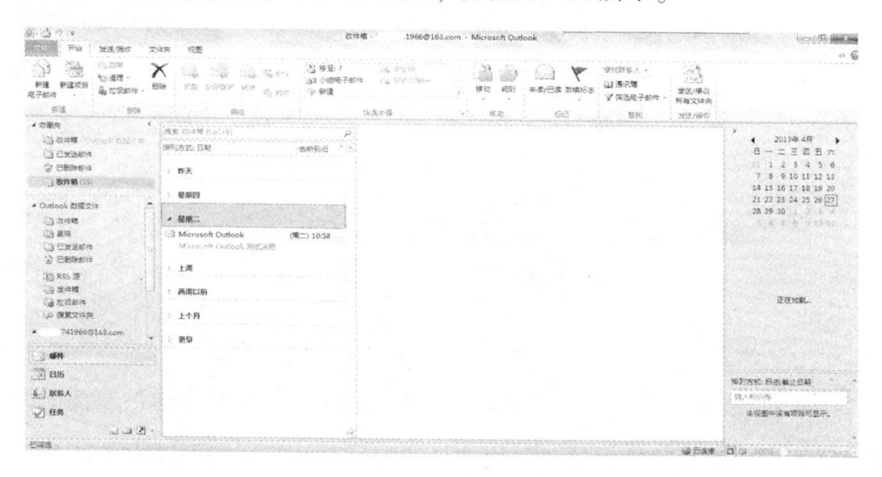

图 5－10　Outlook 2010 主窗口

（2）打开“文件”菜→单击“添加账户”钮，如图 5－11 所示。

（3）在“添加账户”框中，单击“添加”钮→选择“邮件”项→选择“自动账户设置”项，依次输入自己的姓名、E-mail 地址、密码等内容，如图 5－12 所示。

（4）如需要手动配置服务器设置，请勾选“手动配置服务器设置或其他服务器类型”项，再单击“下一步”钮，然后输入相关的配置信息，如图 5－13 所示。

提示：在不同网站申请的邮箱，其接收、发送邮件服务器的域名（即 IP 地址）也不同，可到其网站上查询。

例如：

显示姓名：chan	电子邮件地址：×××× @ sina. cn
接收邮件服务器：pop. sian. cn	发送邮件服务器：smtp. sina. cn
账户名：×××××	密码：******

图 5 – 11　添加账户对话框

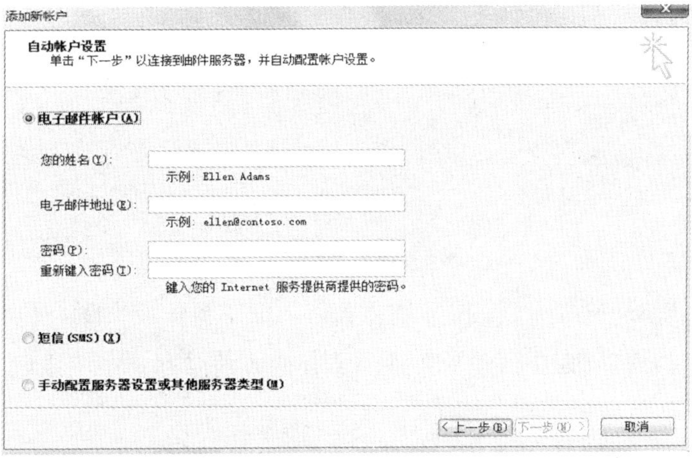

添加新帐户

自动帐户设置
单击“下一步”以连接到邮件服务器，并自动配置帐户设置。

◉ 电子邮件帐户(A)

您的姓名(Y)：
示例：Ellen Adams

电子邮件地址(E)：
示例：ellen@contoso.com

密码(P)：
重新键入密码(T)：
键入您的 Internet 服务提供商提供的密码。

○ 短信(SMS)(X)

○ 手动配置服务器设置或其他服务器类型(M)

<上一步(B)　下一步(N)>　取消

图 5 – 12　自动账户设置

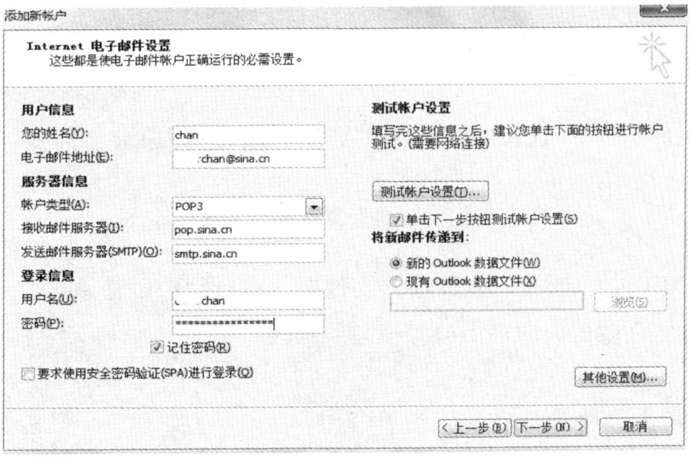

添加新帐户

Internet 电子邮件设置
这些都是使电子邮件帐户正确运行的必需设置。

用户信息
您的姓名(Y)：chan
电子邮件地址(E)：chan@sina.cn
服务器信息
帐户类型(A)：POP3
接收邮件服务器(I)：pop.sina.cn
发送邮件服务器(SMTP)(O)：smtp.sina.cn
登录信息
用户名(U)：chan
密码(P)：****************
☑ 记住密码(R)
☐ 要求使用安全密码验证(SPA)进行登录(Q)

测试帐户设置
填写完这些信息之后，建议您单击下面的按钮进行帐户测试。(需要网络连接)
测试帐户设置(T)...
☑ 单击下一步按钮测试帐户设置(S)
将新邮件传递到：
◉ 新的 Outlook 数据文件(W)
○ 现有 Outlook 数据文件(X)
浏览(S)
其他设置(M)...

<上一步(B)　下一步(N)>　取消

图 5 – 13　手动配置电子邮件服务器

(5) 编写新电子邮件。

①在 Outlook 2010 主窗口中，直接单击工具栏上的“新建电子邮件”钮，打开“新邮件”框，如图 5 – 14 所示。

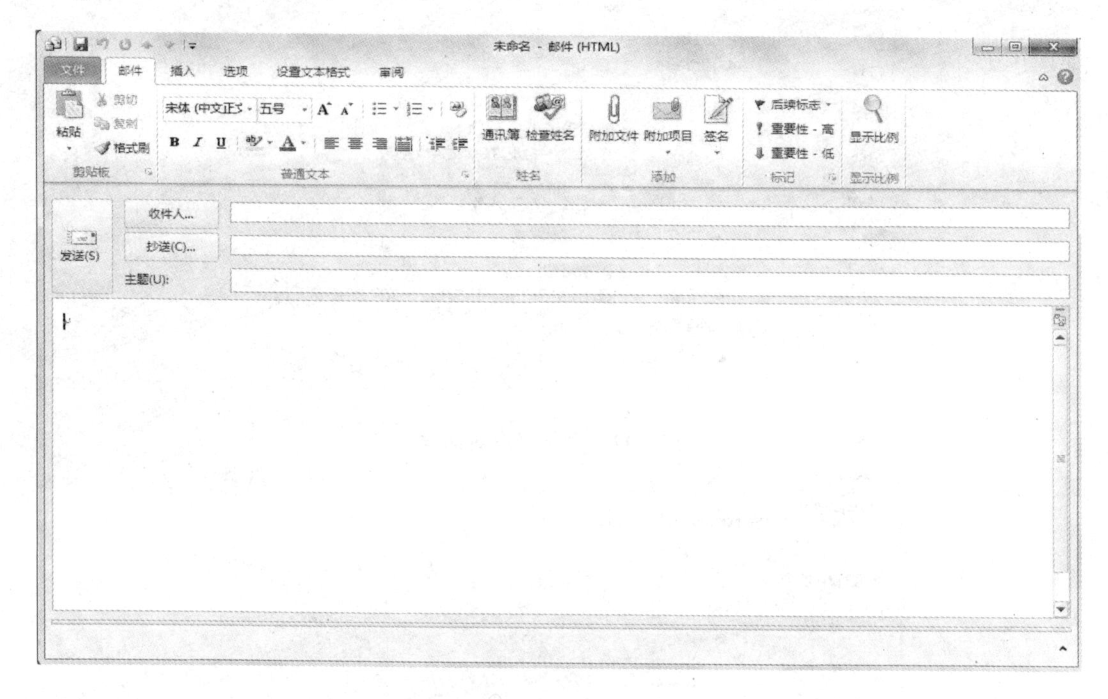

图 5 – 14　新邮件窗口

②在该对话框中的“收件人”框中输入收件人的邮箱，若收件人不止一个，可用分号或逗号分开；在“抄送”框中可输入要抄送给其他人的名称；在“主题”框中可输入该邮件的主题。

③单击下面的文本框，在其中编写邮件的内容即可。可单击格式栏中相应的按钮，对编写的邮件进行设置。

④若想在邮件中发送图片、声音或其他多媒体文件，可单击工具栏中的“附加文件”钮。

⑤在“插入附件”框中选择要作为附件发送的文件，可单击“插入”钮。

⑥编写完毕后，单击“发送”钮。

(6) 阅读电子邮件。

①在 Outlook 2010 中，选择“收件箱”文件夹，打开“收件箱”窗，如图 5 – 15 所示，选择要阅读的邮件，在邮件内容框中可看到邮件的内容。

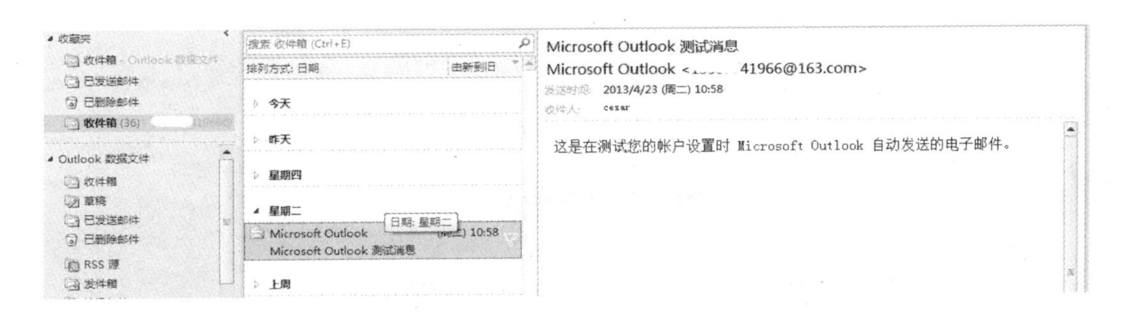

图 5－15　收件箱窗口

②若邮件有附件，可直接单击下载该附件。

（7）回复收件人。

①在刚打开的电子邮件中，单击工具栏上的“答复”钮，打开“答复”框。

②“收件人”文本框中显示了收件人的电子邮件地址，单击其下面的文本框可编写邮件。

③编写完毕后，单击工具栏上的“发送”钮即可将其回复给发件人。

4. 用 Foxmail 7.0 收发电子邮件

（1）设置邮箱账户。

①启动 Foxmail，单击“工具”菜→选择“账户管理”项，如图 5－16 所示，单击左下角的“新建”钮，进入新建账号向导，进行邮箱账号设置。

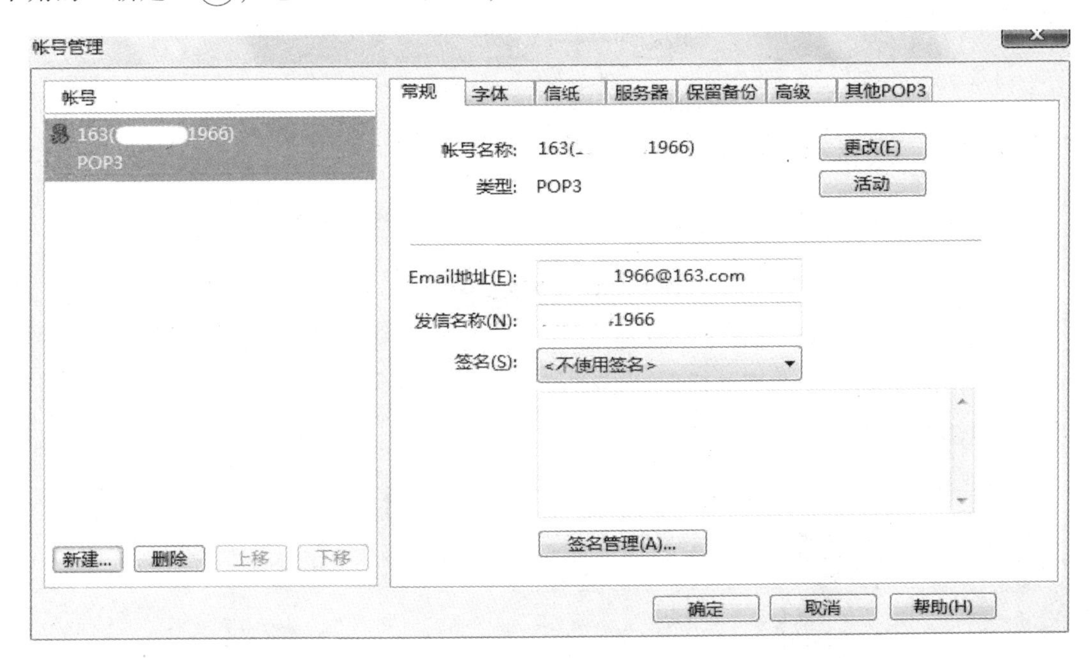

图 5－16　新建邮箱账号

②打开账户设置向导后，首先填上自己的邮箱地址，如图 5－17 所示，然后单击“下一步”钮。

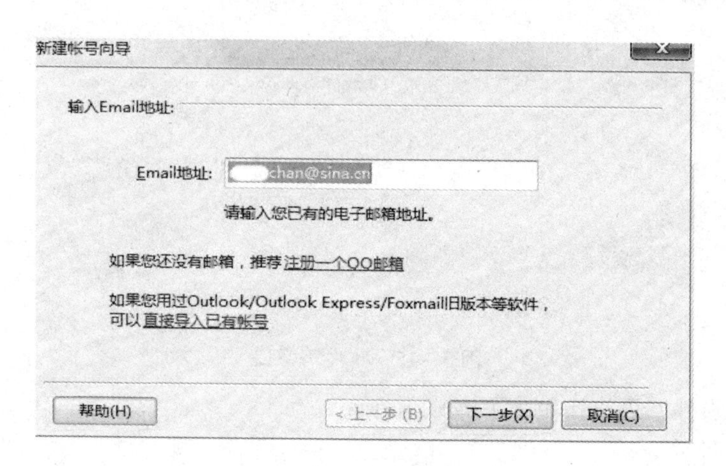

图 5－17　设置邮箱地址

③由于 Foxmail 软件能自动识别邮件服务器，所以无须更改设置，可直接输入邮箱密码，如图 5－18 所示，设置完毕后单击“下一步”钮。

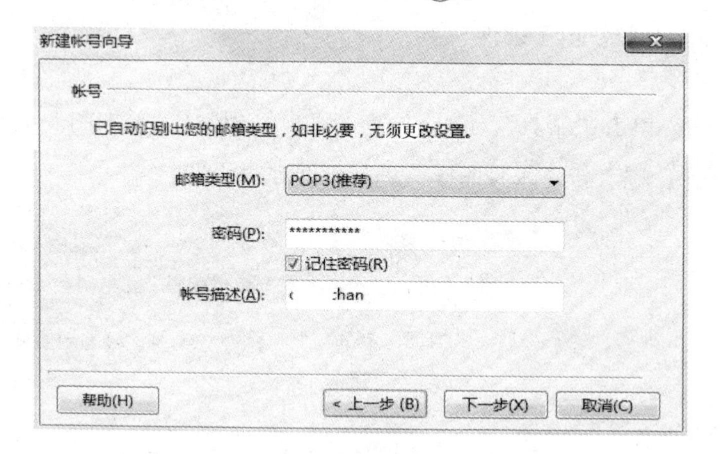

图 5－18　设置邮箱密码

④确认账户建立完成，如图 5－19 所示。

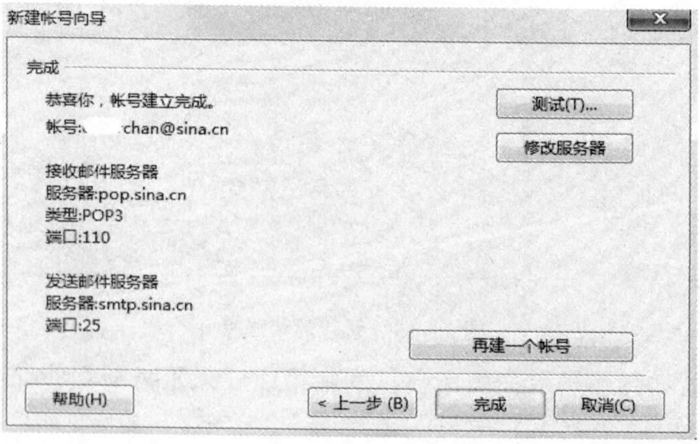

图 5－19　确认账户建立完成

（2）收取邮件。

①在 Foxmail 主界面左侧用鼠标右键单击欲收取邮件的邮箱账户，在弹出菜单中选择“收取邮件”项，然后进行邮件收取，如图 5－20 所示。

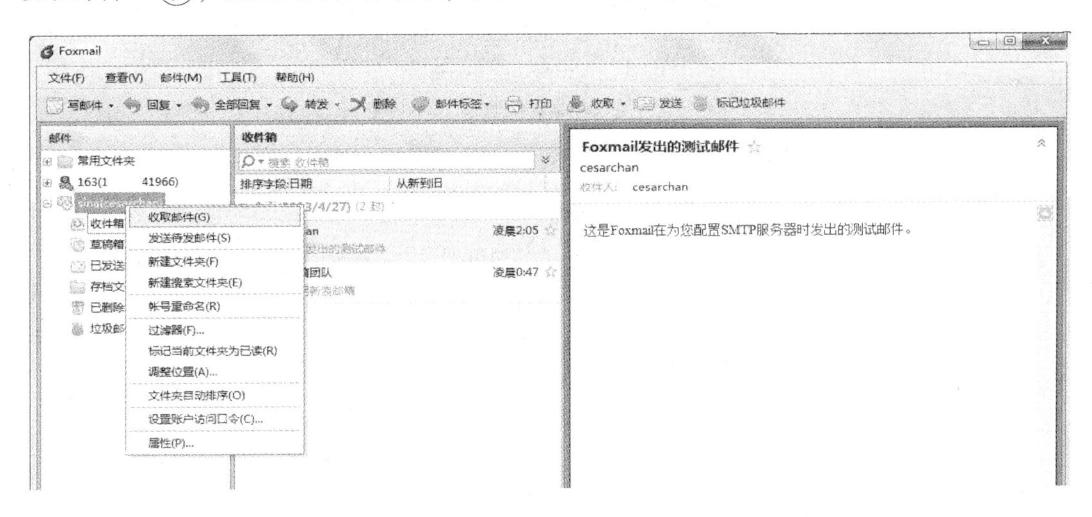

图 5－20　准备收取邮件

②收取完毕后，收件箱中会出现收取到的邮件，单击想要阅读的邮件，则收件箱中会显示该邮件的内容以及附件等信息，如图 5－21 所示。

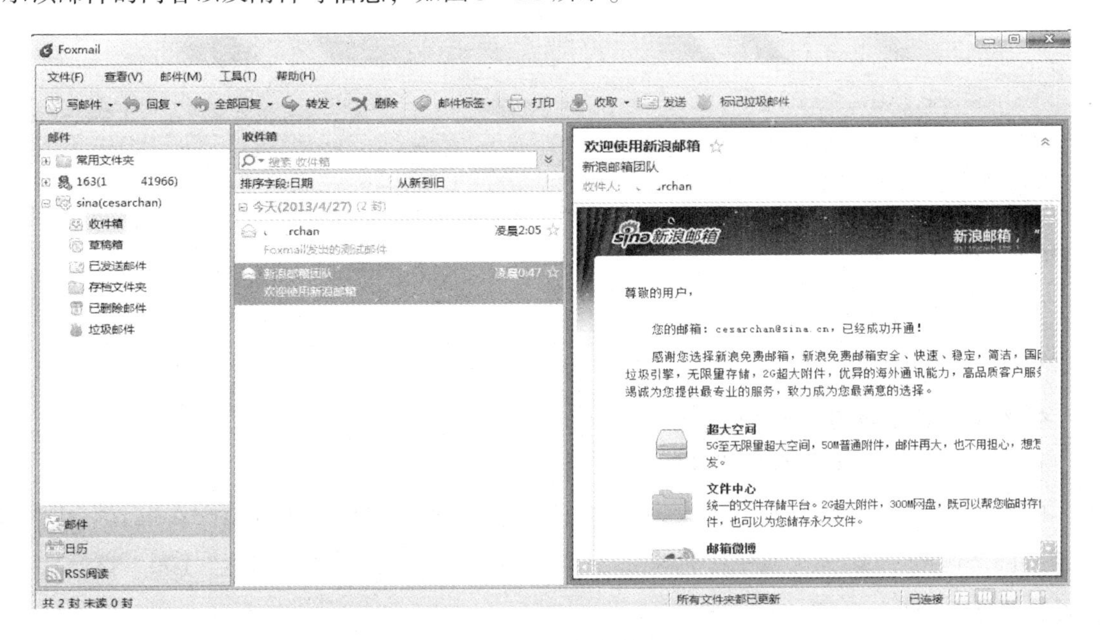

图 5－21　收取的邮件内容

（3）撰写和发送邮件。

①在 Foxmail 主界面左侧用鼠标右键单击欲发送邮件的邮箱账户，然后单击工具栏中的“写邮件”钮，准备撰写邮件，如图 5－22 所示。

②在弹出的写邮件窗口中，填写收件人名称、主题、邮件正文等内容，如图 5－23 所示，撰写完毕后，单击窗口右上角的“发送”㊊，即可发送邮件。

图 5－22　准备撰写邮件

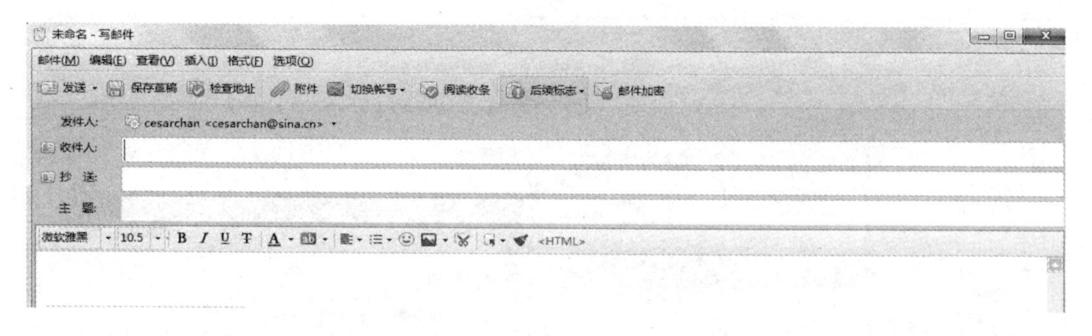

图 5－23　撰写和发送邮件

5. 查看并设置计算机的 IP 地址

查看本地计算机 IP 地址的步骤如下：

（1）右键单击桌面“网络”㊔→选择“属性”㊌→选择“更改适配器设置”㊌→打开“网络连接”㊎，找到并右键单击“本地连接”图标→单击“属性”㊊→打开“本地连接 属性”㊏，如图 5－24 所示。

（2）在“本地连接 属性”㊎→选择“Internet 协议版本 4（TCP/IPv4）”㊌→单击“属性”㊊，弹出“Internet 协议版本 4（TCP/IPv4）属性”㊎，如图 5－25 所示。

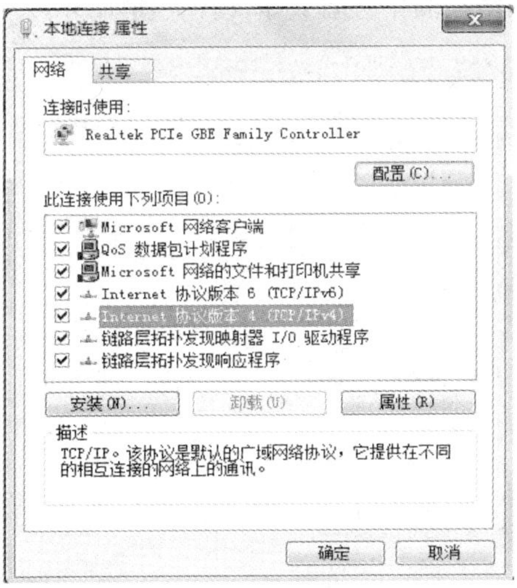

图 5-24　本地连接属性

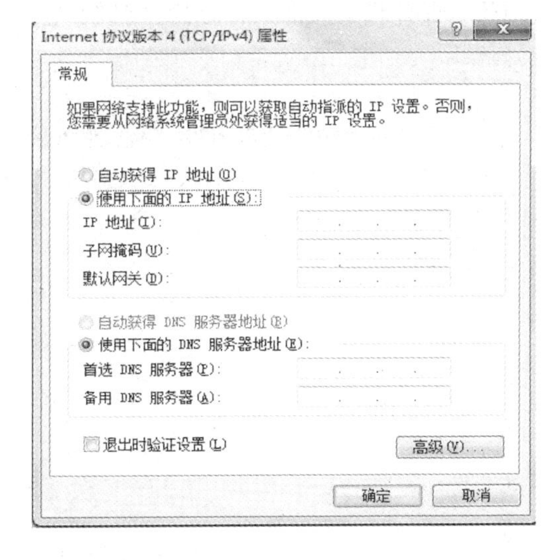

图 5-25　Internet 协议版本 4（Tcp/Ipv4）属性

在“Internet 协议版本 4（TCP/IPv4）属性”㊑，可以看到当前计算机的 IP 地址、子网掩码、默认网关和 DNS 服务器的地址。

（3）记住 Internet 协议版本 4（TCP/IPv4）属性的各项参数，并随意修改设置，看看都有什么变化。

（4）再将各项参数改为原来的值。

提示：还有哪种方法可以查看 IP 地址？

拓展训练一　Windows 7 局域网文件共享设置

一、实训任务

（1）高级共享设置：右键单击桌面“网络”㊐→选择“属性”㊒→打开“更改高级共享设置”㊒，如图 5-26 所示。

（2）设置网络类型：在“家庭或工作”与“公用”两个配置文件中选择“公用（当前配置文件）”㊒；单击选择“启用网络发现”㊒和“启用文件和打印机共享”㊒。

（3）启用共享相关设置：单击选择“文件共享链接”㊒以及“关闭密码保护共享”㊒。

（4）设置共享文件夹：选择需要共享的文件夹。

（5）设置访问权限：选择添加“Guest”用户来降低访问权限，让所有用户都能够访问，单击添加“Guest”用户后，如果你想让别的用户修改你共享的文件，请选择“读取、写”㊒，如果只想别的用户“读取”，请选择“读取”㊒即可。

（6）设置高级共享相关选项：选项还能进行限制用户访问数量等设置。

（7）查看共享文件夹：选择“高级共享”并在网络页面中查看共享文件夹所示。

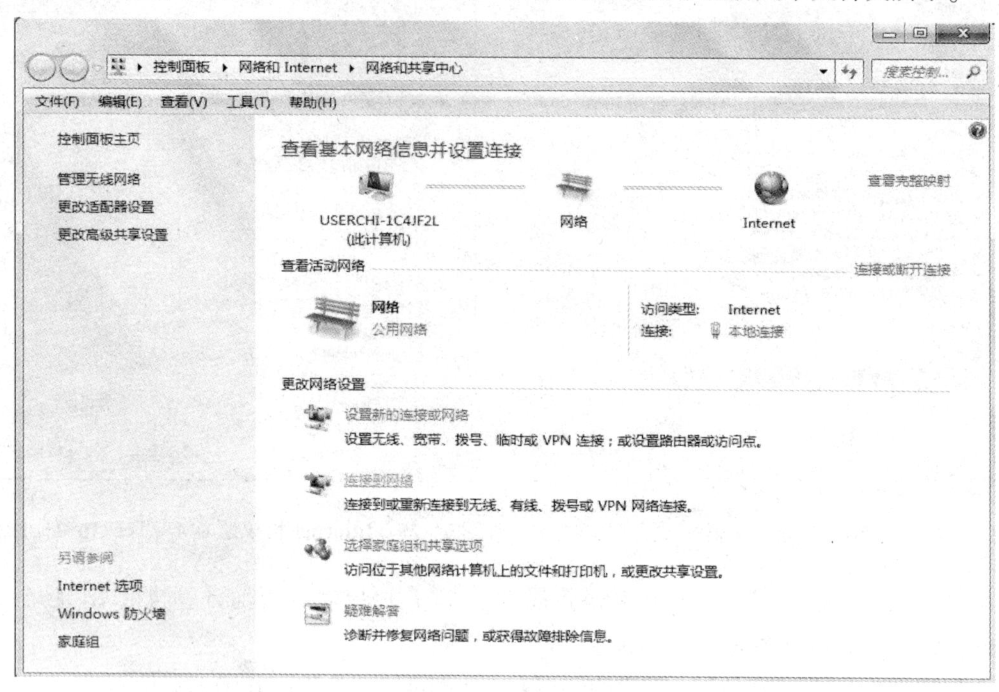

图 5－26　更改高级共享设置

二、参考样图

参考样图如图 5－27 所示。

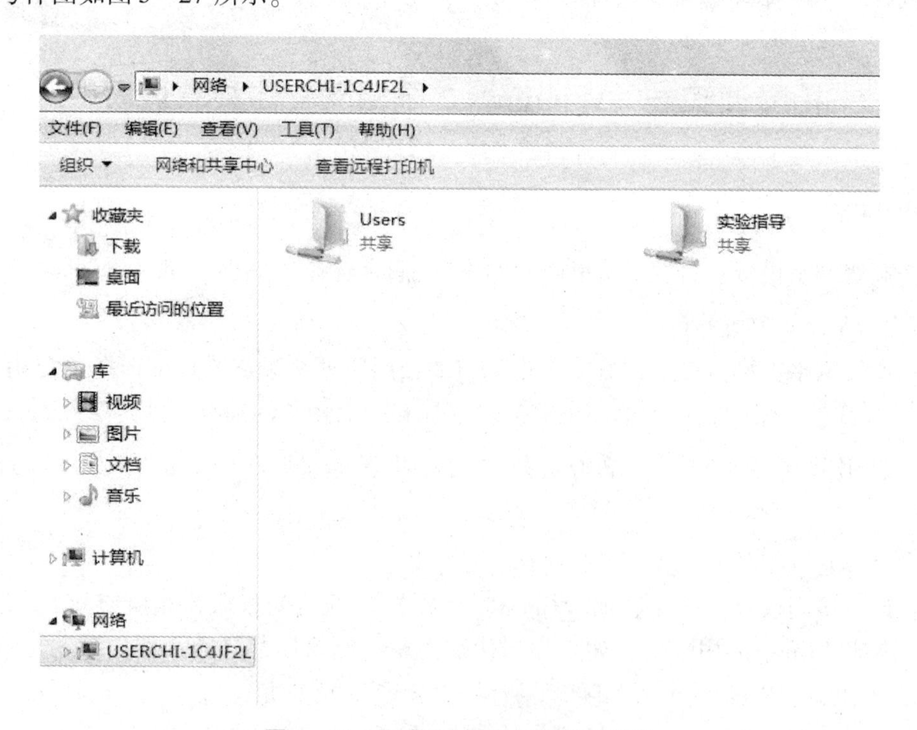

图 5－27　局域网文件共享设置效果图

拓展训练二　无线路由器的设置与连接

一、实训任务

首先将无线路由器的硬件连接好，按照无线路由器的说明登录设置页面，单击“设置向导”㊎。按照设置向导的提示选择链接方式以及设置拨号账号和密码，再设置无线网络账号和密码。然后保存并重启路由器。最后单击任务栏上网络图标，在显示的信息中选择“目标无线网络”，输入设置的密码即可连接互联网。

二、参考样图

参考样图如图 5－28 所示。

图 5－28　无线网络连接效果图

第 6 章

数据库基本知识和 Access 2010

实验一　初识 Access 2010 与数据库的创建

一、实验目的

（1）熟悉 Access 2010 操作界面。

（2）掌握数据库的创建方法。

二、实验内容

（1）创建"罗斯文贸易"数据库，观察并熟悉 Access 2010 操作界面。

（2）创建"人事信息管理系统"数据库，数据库创建后其效果图如图 6－1 所示。

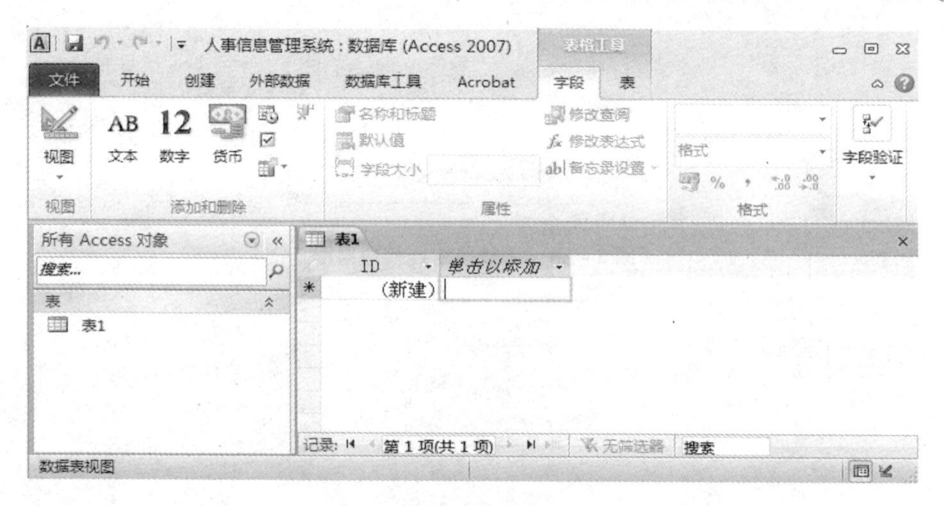

图 6－1　样图

三、实验步骤

1. 创建"罗斯文贸易"数据库，熟悉 Access 2010 工作界面

（1）启动 Access 2010：单击""→在列表中选择"Microsoft Office"项→在列表中单击"Microsoft Access 2010"项。

（2）创建“罗斯文贸易”数据库，并登录该数据库。

选择“文件”卡→单击“样本模板”项→选择“可用模板”窗→双击“罗斯文”项→单击“启用内容”钮→弹出“登录对话框”框→确认员工“王伟”→单击“登录”钮。

（3）熟悉 Access 2010 操作界面：仔细观察界面的“开始”、“创建”、“外部数据”、“数据库工具”功能选项卡，并查看各功能选项卡下面分别有哪些功能组。

（4）分类显示“罗斯文贸易”数据库的各对象。

单击导航窗口的下拉箭头→单击“对象类型”项（见图6－2）→“罗斯文贸易”数据库中的对象在导航窗口中按照对象的类型进行组织。

（5）打开“产品表”并观察其界面。

单击“表”左侧的下拉箭头→双击“产品”表→在工作区显示“产品”表。

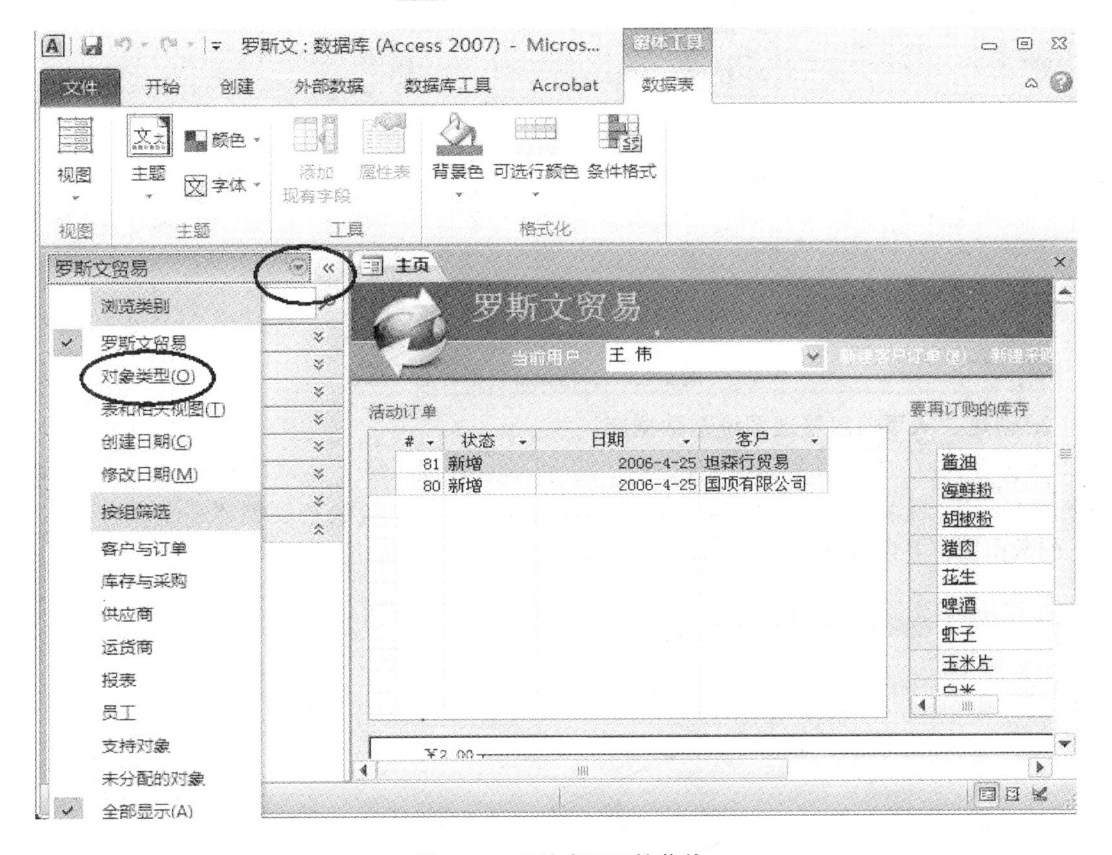

图6－2　导航窗口下拉菜单

（6）打开“产品表”设计视图：单击窗口右下角的“设计视图”钮，仔细观察表格的设计视图界面，如图6－3所示。

（7）用同样的方法查看“罗斯文贸易”数据库中的“查询”、“窗体”、“报表”、“宏”和“模块”等对象。

（8）退出“罗斯文贸易”数据库：选择“文件”卡→单击“关闭数据库”项→退出“罗斯文贸易”数据库。

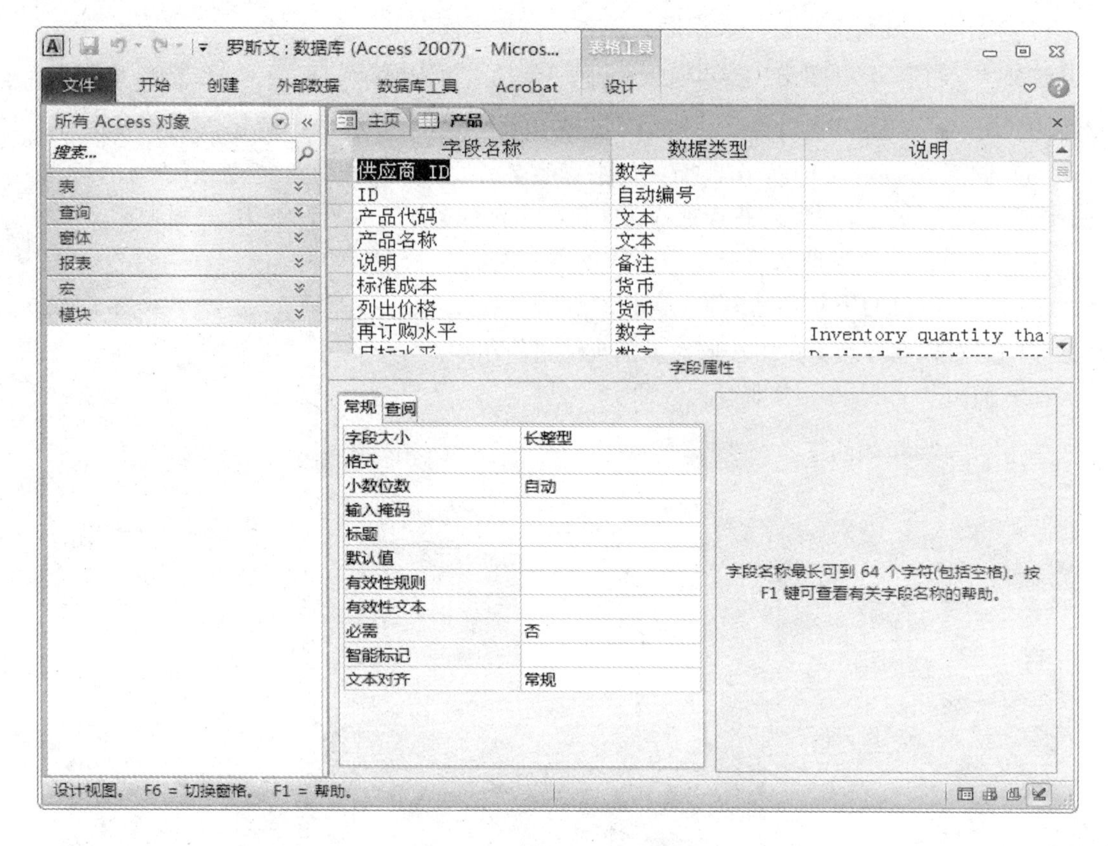

图 6-3　表格设计视图界面

2. 创建“人事信息管理系统”数据库

启动 Access，在启动界面中创建一个“人事信息管理系统”，将数据库保存在“D:\My Documents\”目录中，如图 6-4 所示。创建数据库后，系统会自动创建一个名称为“表 1”的数据表，并以数据工作表视图方式打开这个“表 1”，如图 6-1 所示。

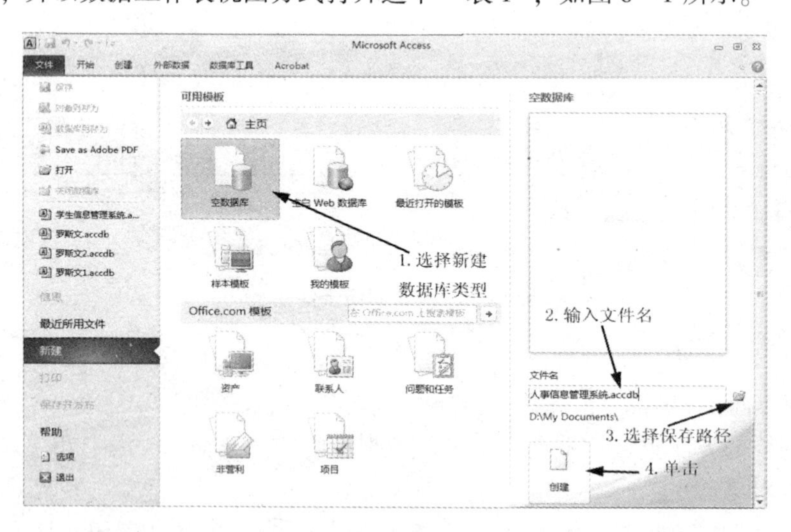

图 6-4　创建数据库

实验二　数据表的创建与编辑

一、实验目的

（1）掌握在数据库中创建基本表的方法（使用数据表视图创建表和使用设计视图创建表）。

（2）掌握基本表结构的编辑与修改（增加、删除字段，设置主键等）。

（3）掌握基本表中记录的基本操作（输入、编辑、排序和筛选等）。

（4）掌握表之间关系的创建。

二、实验内容

（1）在“人事信息管理系统”数据库中创建表。

（2）往表中输入记录，并对记录进行编辑、排序和筛选。

（3）创建“人事信息管理系统”数据库各表之间的关系，完成如图 6－5 所示效果图。

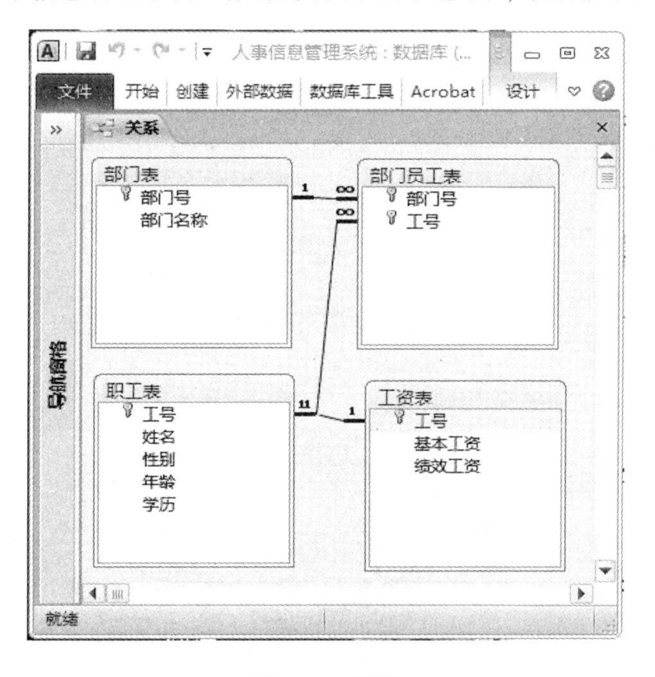

图 6－5　样图

三、实验步骤

1. 在“人事信息管理系统”数据库中创建表

（1）使用数据表视图创建“职工表”，其表结构如表 6－1 所示。

表 6-1　职工表的结构

字段名称	数据类型	字段大小	其他属性
工号	文本	8	主键
姓名	文本	4	
性别	文本	1	
年龄	数字	整型	
学历	文本	4	

①打开数据表视图：打开“人事信息管理系统”数据库→选择“创建”卡→单击“表格”组中“表”钮。

②给新建表格添加字段：单击“单击以添加”→选择“文本”项（见图 6-6）→将字段名“字段1”改名为“姓名”。

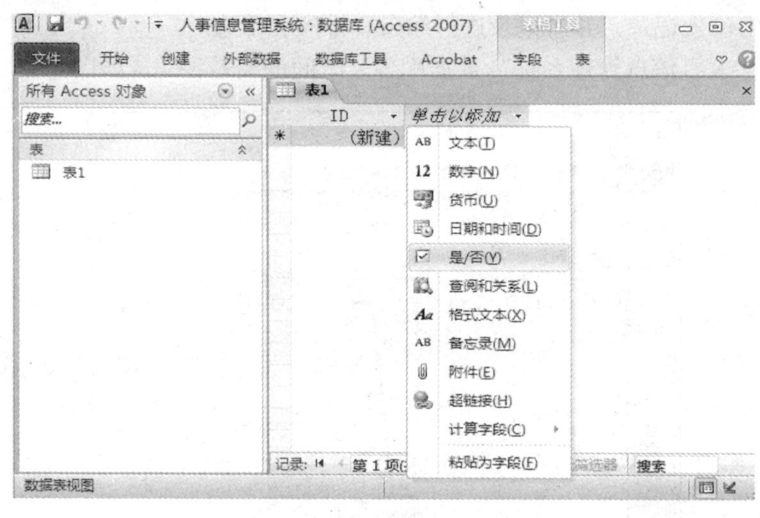

图 6-6　选择字段类型

③根据第②步的方法添加“性别”、“年龄”和“学历”字段，如图 6-7 所示。

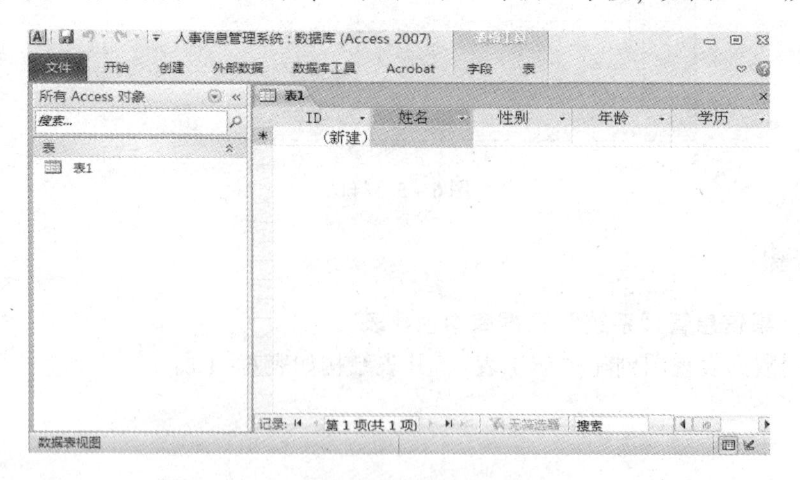

图 6-7　职工表的数据视图

④保存新建表格：单击“保存”钮→打开“另存为”框→输入表的名称“职工表”→单击“确定”钮。

⑤修改“ID”字段属性：单击窗口右下角的“设计视图”钮→将光标定位于字段名称列ID行→将字段名称“ID”改为“工号”→将“ID”行的数据类型改为“文本”→在其下方窗口的常规选项卡里，将字段大小改为“8”（见图6－8）。这里的“工号”字段已被设置为“主键”，所以不需要再设置了。

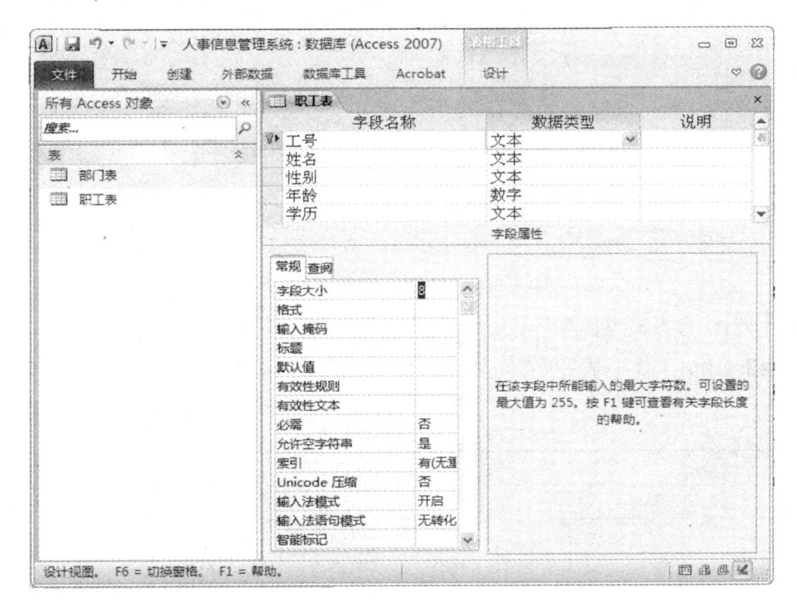

图6－8　职工表的设计视图

⑥同样在常规选项卡里根据表6－1修改其他字段的字段大小。

⑦单击“保存”钮，保存对“职工”表所做的修改。

（2）使用设计视图创建“部门”表，表结构如表6－2所示。

表6－2　部门表结构

字段名称	数据类型	字段大小	其他属性
部门号	文本	8	主键
部门名称	文本	10	

①打开表设计视图：选择“创建”卡→单击“表格”组中“表设计”钮。

②创建“部门号”字段：在字段名称列的第一行输入“部门号”→在数据类型列的第一行选择数据类型“文本”→在其下方窗口的常规选项卡里的字段大小行里输入“8”。

③根据第②步的方法创建“部门名称”字段。

④将“部门号”字段设置为“主键”：把光标移到“部门号”行的任意位置→单击鼠标右键→选择“主键”项，如图6－9所示。

⑤保存表：单击“保存”钮→输入表的名称“部门表”→单击“确定”钮。

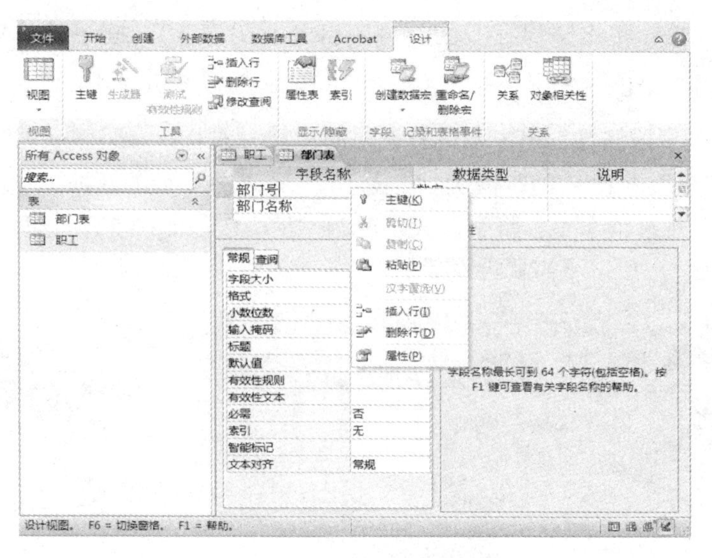

图 6－9　设置主键快捷菜单

(3) 用设计视图的方式创建“工资表”和“部门员工表”。

“工资表”和“部门员工表”结构如表 6－3、表 6－4 所示。

表 6－3　工资表结构

字段名称	数据类型	字段大小	其他属性
工号	文本	8	主键
基本工资	数字	单精度型	
绩效工资	数字	单精度型	

表 6－4　部门员工表结构

字段名称	数据类型	字段大小	其他属性
部门号	文本	8	主键
工号	文本	8	主键

2. 往表中输入记录，并对记录进行编辑、排序和筛选

(1) 分别在“职工表”、“部门表”、“部门员工表”和“工资表”中输入数据，如图6－10～图 6－13 所示。

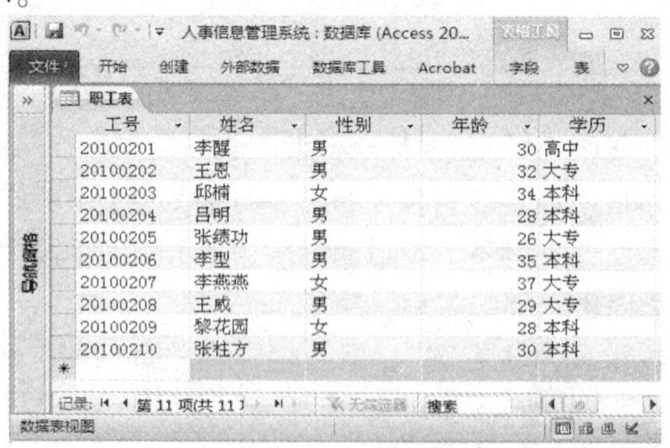

图 6－10　职工表数据

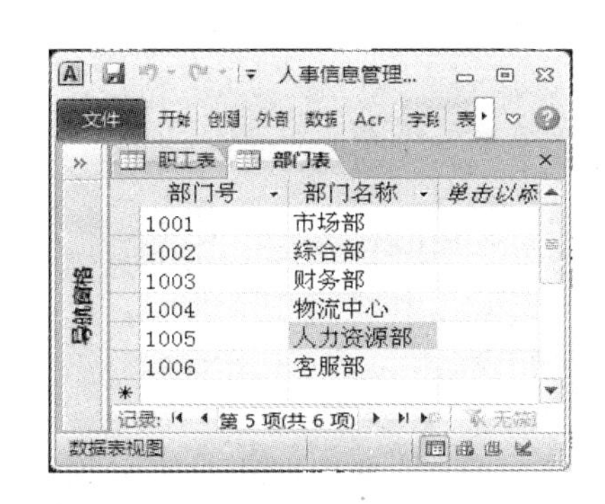

图 6-11　部门表数据

图 6-12　部门员工表数据

图 6-13　工资表数据

（2）删除“工资表”的一条记录。

①打开“工资表”：打开“人事信息管理系统”数据库→打开“工资表”。

②删除单条记录：选中要删除的记录→单击鼠标右键→选择“删除记录”项→弹出确认删除框→单击“是”钮。

（3）对“职工表”按“年龄”升序进行排序。

①打开“职工表”：打开“人事信息管理系统”数据库→打开“职工表”。

②对“年龄”字段进行排序：单击“年龄”字段右侧的下拉箭头 ▾ →选择“升序”项；或选择“年龄”字段列→选择“开始”卡→单击“排序和筛选”组中“升序”钮 A↓Z。

（4）在“职工表”中筛选出具有本科学历的员工。

①打开“职工表”：打开“人事信息管理系统”数据库→打开“职工表”。

②将光标定位于“学历”字段具有“本科”字段值的单元格内。

③筛选“本科”学历的学生：选择“开始”卡→单击“排序和筛选”组中“筛选器”钮 →单独勾选“本科”值，去掉其他勾选（见图 6-14）→单击“确定”卡；或

者选择“开始”卡→单击“排序和筛选”组中“选择”钮→选择“等于‘本科’”项。

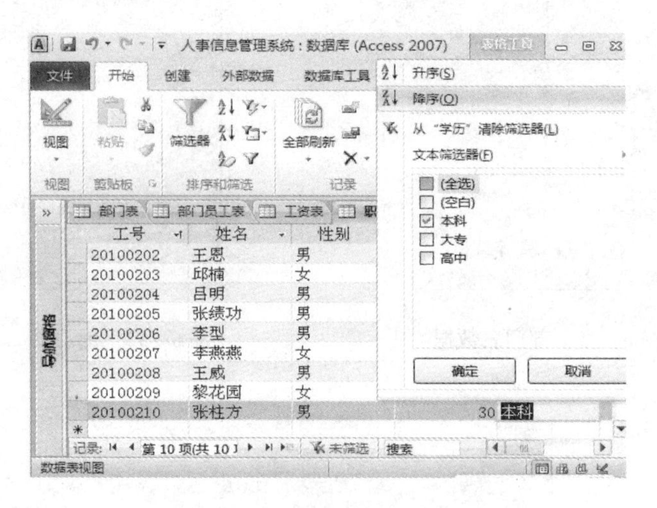

图 6－14　“筛选器”筛选菜单

3. 创建“人事信息管理系统”数据库各表之间的关系

（1）创建“部门表”和“部门员工表”之间的关系。

①打开“人事信息管理系统”数据库。

②打开数据库关系视图：选择“数据库工具”卡→单击“关系”组中“关系”钮。

③把所有表添加进关系视图：单击“显示表”钮→弹出“显示表”框→按住【Ctrl】键并选中所有的表（由于后面要创建所有表之间的关系，因此这里将所有的表添加进关系视图。）→单击“添加”钮→单击“关闭”钮，退出“显示表”对话框。

④创建“部门表”和“部门员工表”中“部门号”的连接关系。

选中“部门表”中“部门号”字段→按住鼠标左键拖至“部门员工表”中“部门号”字段→弹出“编辑关系”框→勾选“实施参照完整性”和“级联更新相关字段”→单击“创建”钮。

（2）用同样的方法创建“工资表”与“职工表”、“部门员工表”与“职工表”之间的关系，其结果如图 6－5 所示。

实验三　查询和报表的创建

一、实验目的

（1）掌握数据库中查询的创建（使用向导和设计视图创建查询）。

（2）掌握数据库中报表的创建（使用向导和设计视图创建报表）。

二、实验内容

（1）创建查询。

（2）创建“工资信息报表”，完成如图6－15所示效果。

图6－15　样图

三、实验步骤

1. 创建查询

（1）使用向导创建“职工工资查询”。

①打开“人事信息管理系统”数据库。

②打开简单查询向导对话框：选择“创建”卡→单击“查询”组中“查询向导”钮/→弹出“新建查询”框→选择“简单查询向导”→单击“确定”钮。

③确定查询中需显示的字段。

打开“请确定查询中使用哪些字段”框→单击“表/查询”列表框右侧的下拉箭头→弹出下拉列表框→选择“表：职工表”→选择“可用字段”窗口中的“姓名”字段→单击发送按钮 > →“姓名”字段出现在“选定字段”窗口中。用同样的方法选中“表：工资表”，并把“工号”、“基本工资”和“绩效工资”发送到“选定字段”窗口中→单击“下一步”钮。

④指定查询类型：打开“请确定采用明细查询还是汇总查询”框→选中“明细”→单击“下一步”钮。

⑤为查询指定标题：打开“请为查询指定标题”框→输入标题“职工工资查询”→选用默认的选项“打开查询查看信息”→单击“完成”钮，查询结果如图6－16所示。

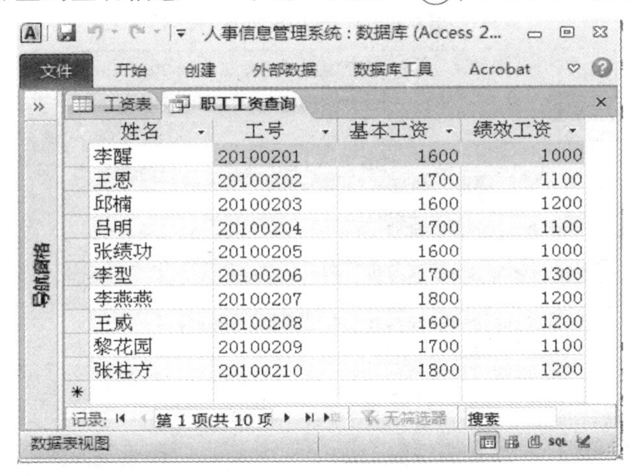

姓名	工号	基本工资	绩效工资
李醒	20100201	1600	1000
王恩	20100202	1700	1100
邱楠	20100203	1600	1200
吕明	20100204	1700	1100
张绩功	20100205	1600	1000
李型	20100206	1700	1300
李燕燕	20100207	1800	1200
王威	20100208	1600	1200
黎花园	20100209	1700	1100
张柱方	20100210	1800	1200

图6－16　职工工资查询结果

（2）使用查询设计器查询基本月工资大于1600元的职工。

①打开“人事信息管理系统”数据库。

②为查询设计视图添加数据表：选择“创建”卡→单击“查询”组中“查询设计”钮→弹出“显示表”框→选择“表”卡→按住【Ctrl】键，选择“职工表”和“工资表”→单击“添加”钮→单击“关闭”钮，关闭“显示表”对话框。

③指定查询包含的字段：选中“工号”字段→按住鼠标左键不放拖到下方窗口中的“字段”行。用同样的方法把“职工表”的“姓名”字段、“工资表”的“基本工资”和“绩效工资”字段拖到下方窗口中的“字段”行。

④指定查询条件：在下方窗口中的“条件”行“基本工资”列输入查询条件“>=1600”，如图6－17所示。

⑤显示查询结果：选择“开始”卡→单击“视图”组中“视图”钮，查询结果如图6－18所示。

⑥保存查询：单击“保存”钮→弹出“另存为”框→输入查询名称“基本工资大于1600职工查询”→单击“确定”钮。

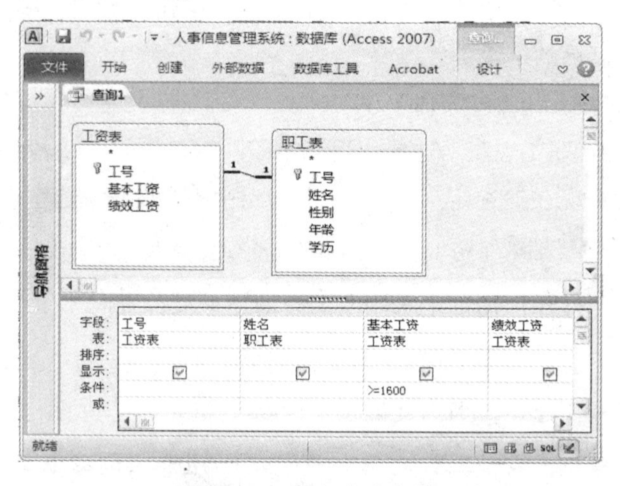

图6－17 输入查询条件

工号	姓名	基本工资	绩效工资
20100201	李醒	1600	1000
20100202	王恩	1700	1100
20100203	邱楠	1600	1200
20100204	吕明	1700	1100
20100205	张绩功	1600	1000
20100206	李型	1700	1300
20100207	李燕燕	1800	1200
20100208	王威	1600	1200
20100209	黎花园	1700	1100
20100210	张柱方	1800	1200

图6－18 基本月工资大于1600元职工查询结果

2. 创建报表

（1）使用报表向导创建“按部门统计职工信息报表”。

①打开“人事信息管理系统”数据库。

②打开报表向导：选择“创建”(卡)→单击“报表”(组)中“报表向导”(钮)。

③选中“职工表”所有字段：打开“请确定报表上使用哪些字段”(框)→把“表：职工表”中的所有字段发送到“选定字段”窗口中→单击“下一步”(钮)。

④确定查看数据的方式：打开“请确定查看数据的方式”(框)→选择左侧窗口中的“通过部门表”→单击“下一步”(钮)。

⑤确定是否添加分组级别：打开“是否添加分组级别”(框)→不添加分组级别→单击“下一步”(钮)。

⑥确定排序次序和汇总信息：打开“请确定明细信息使用的排序次序和汇总信息”(框)→单击第 1 个列表框的右侧下拉箭头→在弹出的下拉列表框中选择“工号”字段→单击“下一步”(钮)。

⑦确定布局方式：打开“请确定报表的布局方式”(框)→在“布局”栏中选择“块”→“方向”选择“纵向”→单击“下一步”(钮)。

⑧确定标题：打开“请为报表指定标题”(框)→输入标题“按部门统计职工信息报表”→在“请确定是要预览报表还是要修改报表设计”一栏中选择“预览报表”→单击“完成”(钮)，显示的报表结果如图 6－19 所示。

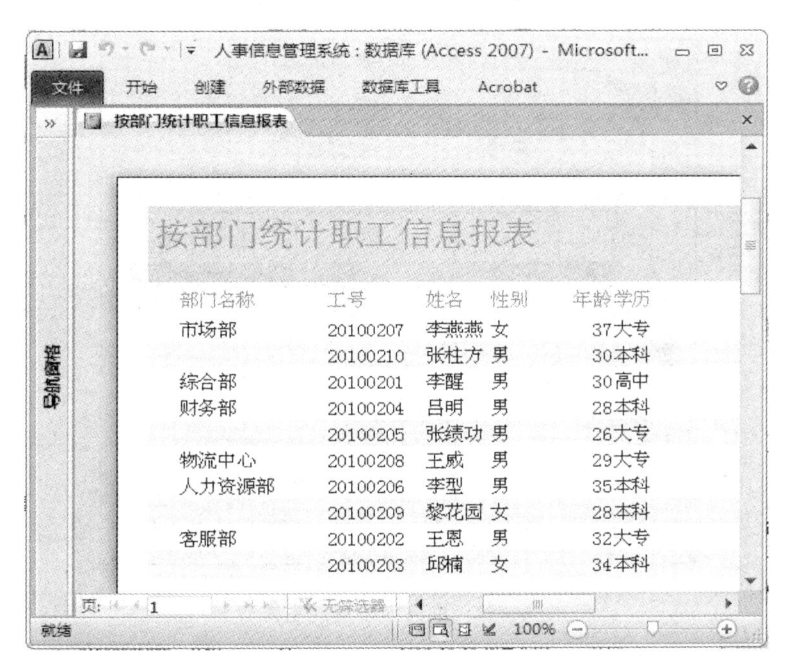

图 6－19　按部门统计职工信息报表效果图

（2）使用设计视图创建“职工工资报表”。

①打开“人事信息管理系统”数据库。

②打开报表设计视图：选择“创建”㊤→单击“报表”㊧中“报表设计”㊨。

③确定报表数据源。

在报表设计视图中，单击左上角的“报表选择器”㊨→单击“工具”㊧中“属性表”㊨→打开“属性表”㊥→选择“数据”㊤→单击“记录源”属性右侧的下拉箭头→在弹出的列表里选择“职工工资查询”（见图6-20）。

④打开添加字段对话框：选择“设计”㊤→单击“工具”㊧中“添加现有字段”㊨→打开“字段列表”㊥，显示相关字段列表（见图6-21）。

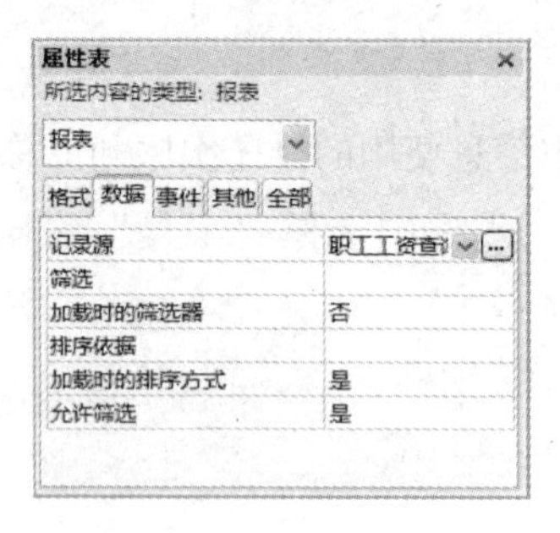

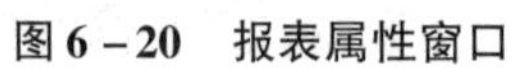
图6-20　报表属性窗口

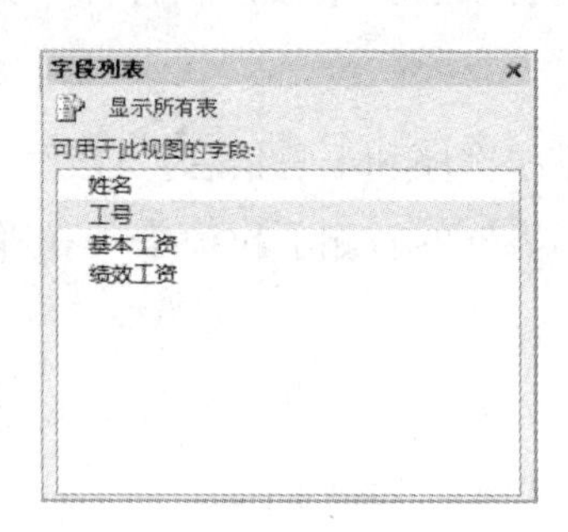

图6-21　字段列表窗口

⑤设计报表布局：在“字段列表”窗口中，把“工号”、“姓名”、“基本工资”和“绩效工资”字段拖到主体节中，如图6-22所示。

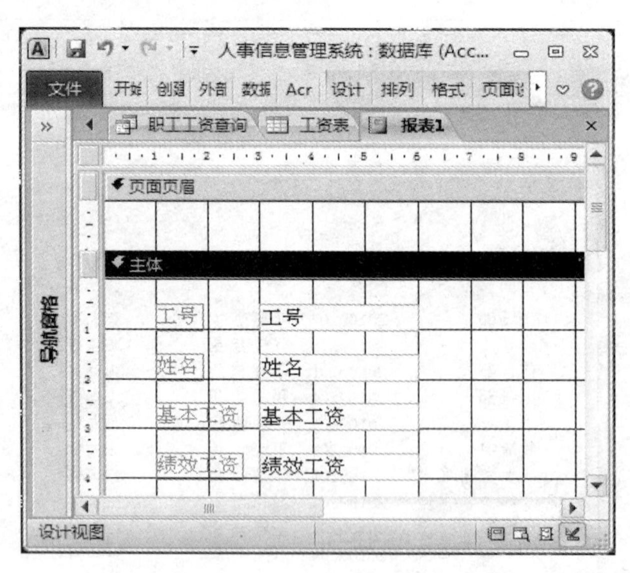

图6-22　拖入字段后的主体节

⑥设置“基本工资”字段对齐方式。

选中主体节右侧的“基本工资”字段→选择“设计”㊤→单击“属性表”㊨→打开

“属性表”㊠窗→选择“格式”㊠卡→选择“文本对齐”㊠项→打开该选项的下拉列表并选择“左”。对主体节右侧的“绩效工资”字段进行同样的操作。

⑦保存并浏览报表视图：单击“保存”㊠钮→弹出“另存为”㊠框→输入报表名称“工资信息报表”→单击“确定”㊠钮→单击窗口左下角“报表视图”㊠钮，报表的设计结果如图6－15所示。

拓展训练　图书管理数据库的创建

一、实训任务

（1）使用Access 2010创建一个“图书管理数据库”。

（2）使用数据表视图或设计视图创建数据库里的4张表（见表6－5～表6－8）。

表6－5　“图书信息”表结构

字段名称	数据类型	字段大小	其他属性
书目编号	文本	7	主键
类别	文本	10	
图书名称	文本	30	
作者	文本	16	
入库时间	日期/时间		

表6－6　“借阅信息”表结构

字段名称	数据类型	字段大小	其他属性
图书条码	文本	9	主键
借阅证号	文本	6	主键
借阅时间	日期/时间		
归还时间	日期/时间		

表6－7　“读者信息”表结构

字段名称	数据类型	字段大小	其他属性
借阅证号	文本	6	主键
学号	文本	12	
姓名	文本	4	
性别	文本	1	
院系	文本	10	
是否挂失	是/否		

表 6－8　“书目编码”表结构

字段名称	数据类型	字段大小	其他属性
图书条码	文本	9	主键
书目编号	文本	7	
借出次数	数字	整型	
在库否	是/否		

(3) 分别创建“读者信息”表与“借阅信息”表、“借阅信息”表与“书目编码”表、“书目编码”表与“图书信息”表之间的关系，注意不用设置“借阅信息”表与“书目编码”表之间的参照完整性。

(4) 分别往 4 个表里面输入相应的内容。

(5) 使用查询设计器查询学生借书情况，并显示学生姓名、图书名称和借阅时间。

(6) 使用报表设计视图以第（5）步创建的学生借书查询为记录源，创建“读者借阅信息”报表。

二、参考样图

该报表参考样图如图 6－23 和图 6－24 所示。

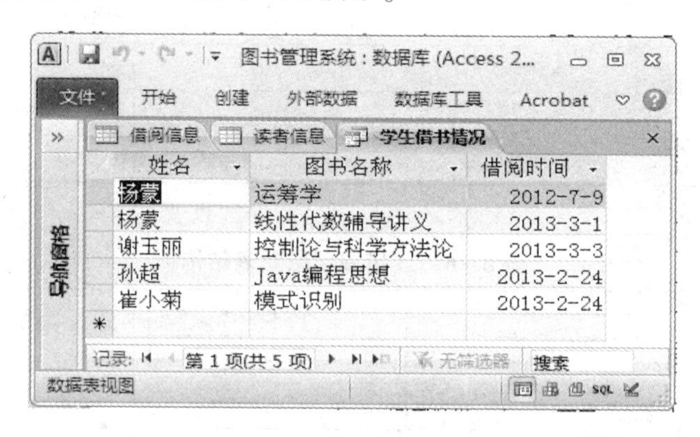

图 6－23　样图一

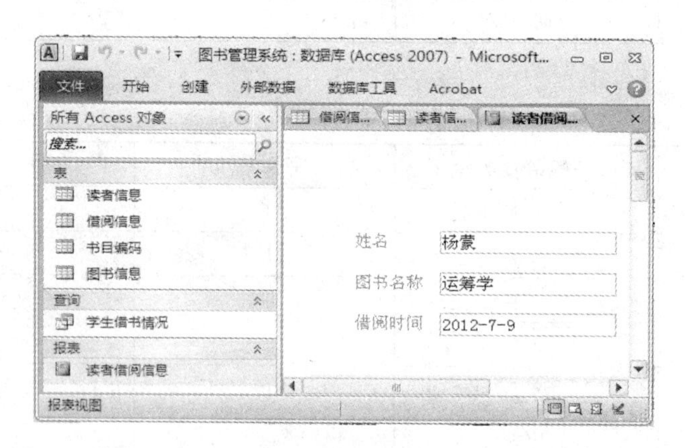

图 6－24　样图二

第 7 章

PowerPoint 2010 演示文稿软件

实验一　PowerPoint 2010 基本操作

一、实验目的

（1）掌握演示文稿的基本操作（新建、打开和保存）。

（2）掌握幻灯片的基本操作（选定、移动和复制）。

（3）掌握幻灯片中文本的录入和编辑（包括字符和段落的格式化）。

（4）掌握演示文稿不同视图的查看方法。

二、实验内容

（1）观察和熟悉 PowerPoint 2010 工作界面的组成。

（2）创建和保存演示文稿。

（3）幻灯片的基本操作。

（4）幻灯片中文本的格式化，完成如图 7－1 所示效果。

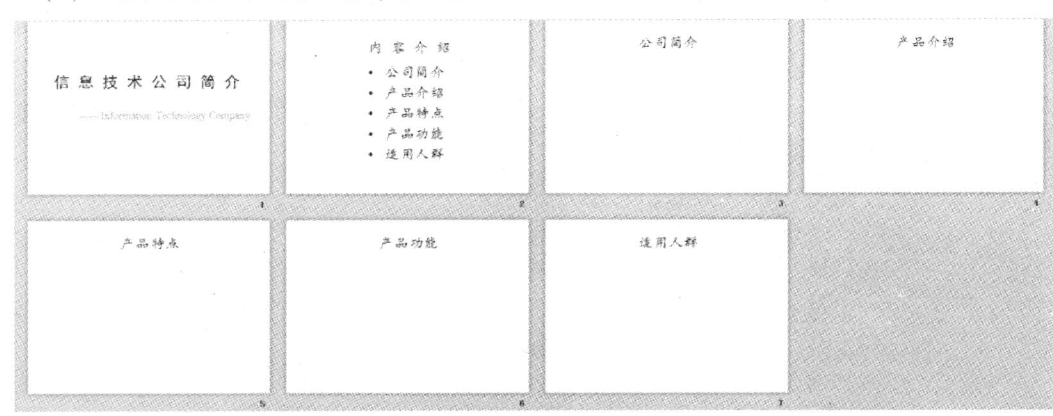

图 7－1　样图

三、实验步骤

1. 观察和熟悉 PowerPoint 2010 工作界面的组成

（1）启动 PowerPoint 2010：单击桌面“ ”→选择“所有程序”㊠→单击“Microsoft Office”㊠→单击“Microsoft PowerPoint 2010”㊠。

（2）观察 PowerPoint 2010 工作窗口的组成，查看快速访问工具栏、功能区中各选项卡、视图窗格、幻灯片编辑窗格、备注窗格以及状态栏、视图切换按钮等。

2. 创建和保存演示文稿

启动 PowerPoint 2010 后，系统会默认新建一个名为“演示文稿 1. pptx”的文档，将该空白演示文稿以“产品宣传 . pptx”为名保存在“E:\LX”文件夹中，如图 7－2 所示。

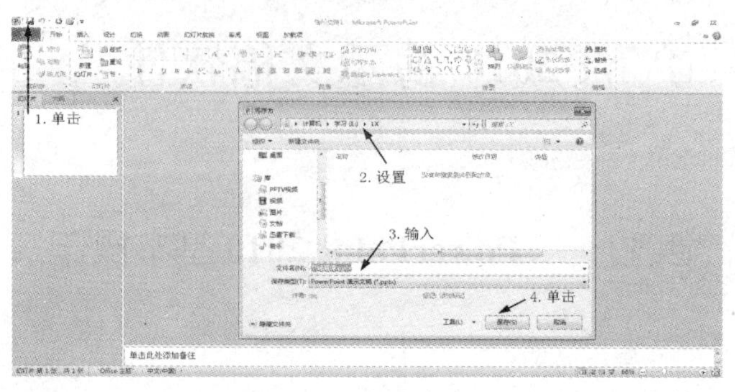

图 7－2　保存演示文稿

3. 幻灯片的基本操作

（1）打开演示文稿，在第一张幻灯片中输入标题。

操作方法：在“E:\LX”文件夹中双击“产品宣传 . pptx”演示文稿图标，打开该演示文稿，单击第一张幻灯片，添加标题，输入“信息技术公司简介”，并对字符进行格式化，设置字体为“黑体”，字号为“54 磅”；添加副标题，输入“——Information Technology Company”，设置字体为“Times New Roman”，字号为“32 磅”，得到图 7－1 中第一张幻灯片所示效果。

提示：对幻灯片中文字的格式化及段落的格式化操作方法和 Word 文档相似。

（2）插入新幻灯片并录入相关文字。

操作方法：选中第一张幻灯片→单击“开始”卡→选择“幻灯片”组→单击“新建幻灯片”钮→在弹出的列表框中选择“标题和内容”版式（如图 7－3 所示）→输入如图 7－4所示内容。根据“内容介绍”继续插入多张版式不同的幻灯片，并为各张幻灯片添加相应的标题和内容。

图 7－3　插入幻灯片

（3）查看演示文稿的不同视图。

操作方法：切换到“视图”卡→选择“演示文稿视图”组→选择视图模式，如图 7－5 所示。

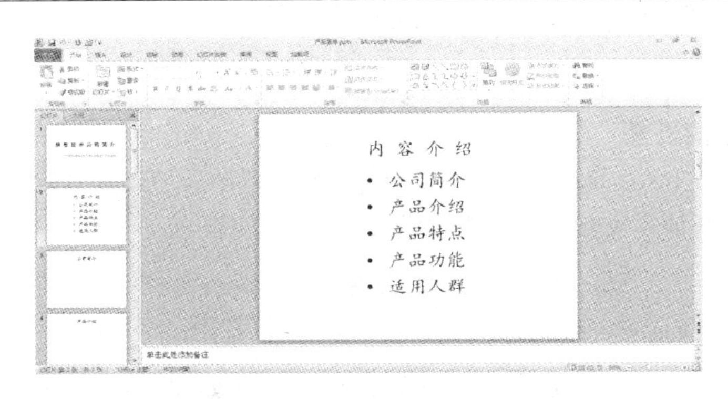

图 7-4　“内容介绍”幻灯片

图 7-5　不同视图间的切换

（4）保存演示文稿“产品宣传 . pptx”，退出 PowerPoint 2010。

实验二　幻灯片的美化及多媒体素材的应用

一、实验目的

（1）掌握演示文稿的美化方法（幻灯片背景的设置、主题的应用）。

（2）掌握插入多媒体素材的方法（插入图片、音频、SmartArt 图形等）。

二、实验内容

（1）设置幻灯片的背景。

（2）给幻灯片应用主题。

（3）在幻灯片中插入音频。

（4）在幻灯片中插入 SmartArt 图形。

（5）在幻灯片中插入图片，最终完成如图 7-6所示效果。

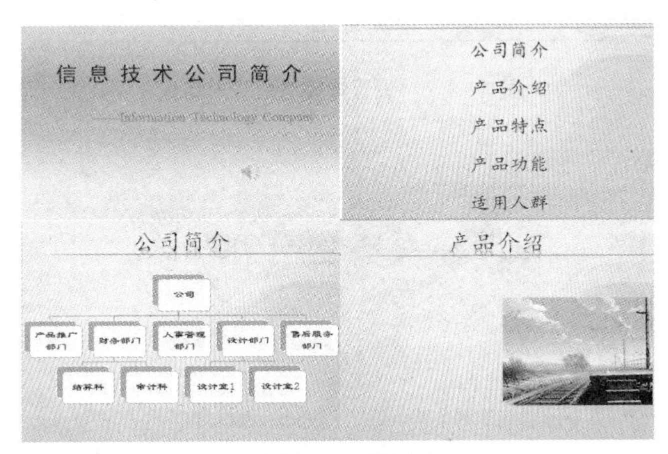

图 7-6　样图

三、实验步骤

1. 幻灯片背景的设置

为“产品宣传 . pptx”演示文稿的第 1 张幻灯片设置渐变填充效果的背景。

操作方法：打开演示文稿，选择第 1 张幻灯片→切换到“设计”卡→选择“背景”组→单击“背景样式”钮→选择“设置背景格式”项（如图 7－7 所示）→弹出“设置背景格式”框→在“填充”区域中选择“渐变填充”项→设置“预设颜色”为“麦浪滚滚”、“类型”为“线性”、“方向”为“线性向上”（如图 7－8 所示）→单击“关闭”钮，设置效果如图 7－9 所示。

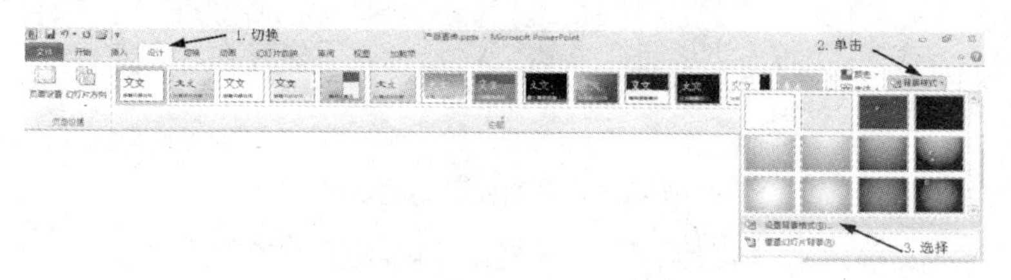

图 7－7　设置幻灯片背景

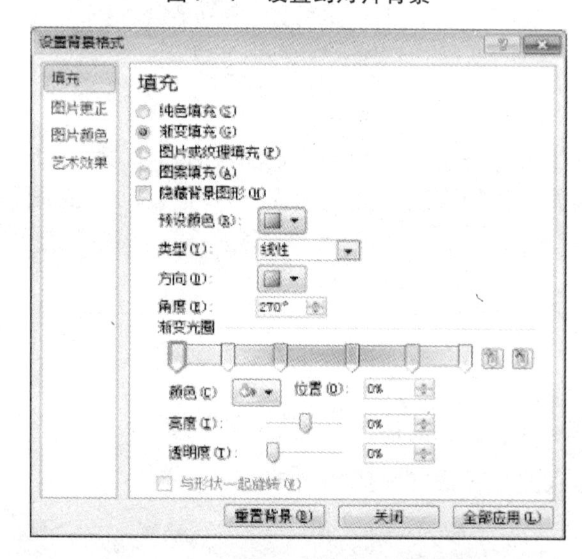

图 7－8　“设置背景格式”对话框

图 7－9　最终设置效果

2. 主题的应用

为演示文稿的第 2 ~7 张幻灯片应用“跋涉”主题。

操作方法：打开演示文稿，在视图窗格中选中第 2 张幻灯片→按住【Shift】键，单击选择第 7 张幻灯片，则第 2 ~7 张幻灯片被同时选中→切换到“设计”卡→选择“主题”组→选择主题“跋涉”→单击鼠标右键→选择“应用于选定幻灯片”项，如图 7 - 10 所示。

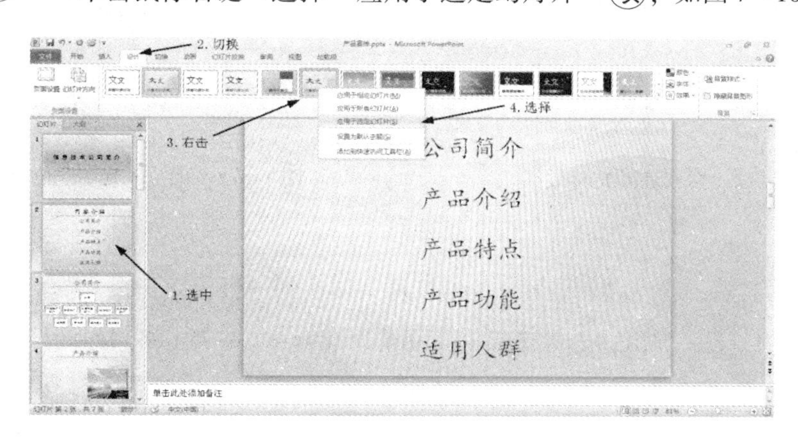

图 7 - 10　应用主题

3. 多媒体元素的插入

（1）在演示文稿的第一张幻灯片中插入剪辑管理器中的声音“Claps Cheers”。

操作方法：打开演示文稿，选择第一张幻灯片→切换到“插入”卡→选择“媒体”组→单击“音频”钮→选择“剪贴画音频”项→“剪贴画”格→单击“Claps Cheers”项，如图 7 - 11 所示。插入音频文件后的效果如图 7 - 12 所示。

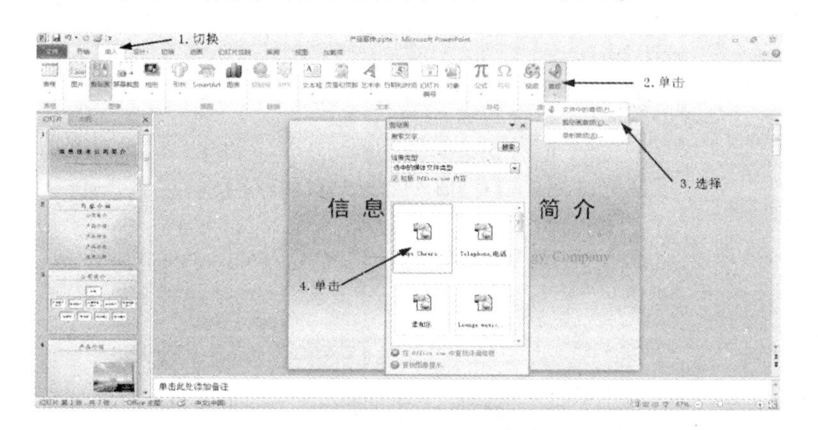

图 7 - 11　插入音频

（2）插入 SmartArt 图形。

在“公司简介”幻灯片中插入 SmartArt 图形，制作如图 7 - 13 所示效果的公司各部门组织机构图。

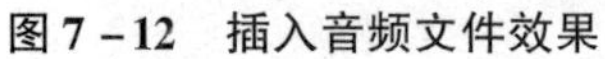
图7－12 插入音频文件效果

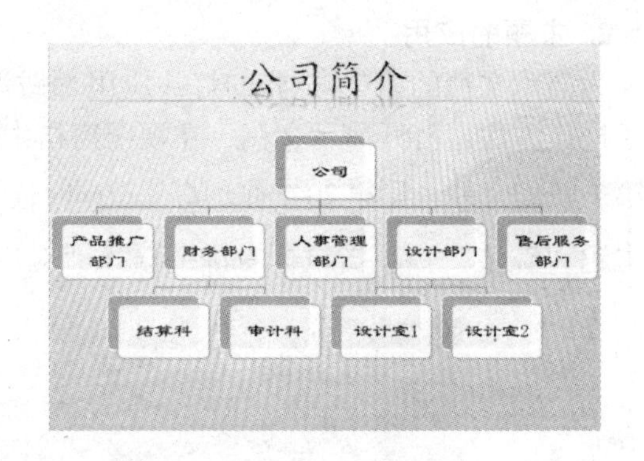

图7－13 “公司简介”幻灯片

操作方法：

①打开演示文稿，选择“公司简介”幻灯片→切换到“插入”㊍→选择“插图”㊎→单击“SmartArt”㊏→弹出“选择SmartArt图形”㊐→在左边窗格选择图形类型为“层次结构”→中间窗格选择为“层次结构”→单击“确定”㊏，如图7－14所示。插入的SmartArt图形如图7－15所示。

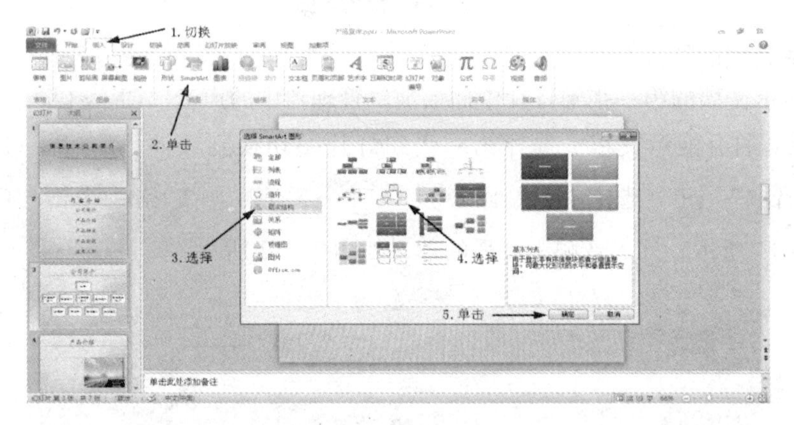

图7－14 插入SmartArt图形

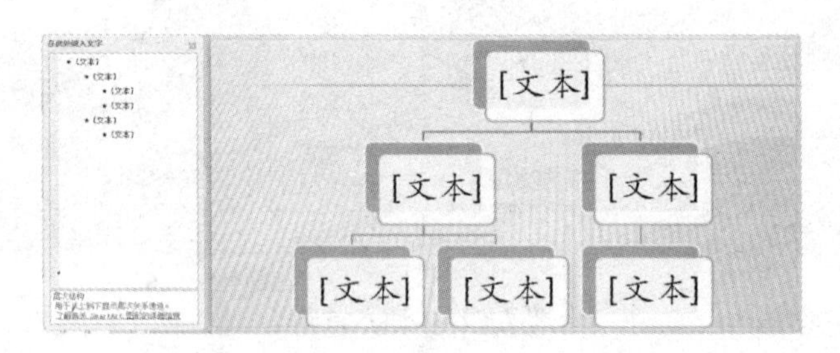

图7－15 “层次结构”的SmartArt图形

②在各“文本”框中输入文本。如果需要删除或增加SmartArt图形个数，可以在“文本”窗格中单击[文本]后再按【Delete】键或【Enter】键。或者在“创建图形”组中单击“添加形状”按钮，在弹出的菜单中选择相应选项，如图7－16所示。

图 7－16　“添加形状”菜单

(3) 设置幻灯片版式。

设置“产品介绍”幻灯片的版式为“两栏内容”，在右边占位符框中插入图片。

设置幻灯片版式的操作方法：打开演示文稿，选择“产品介绍”幻灯片→切换到“开始”卡→单击“版式”钮→选择“两栏内容”项。

插入图片操作方法：切换到“插入”卡→选择“图像”组→单击“图片”钮→弹出“插入图片”框→选择需要插入的图片→单击“插入”钮，如图 7－17 所示。

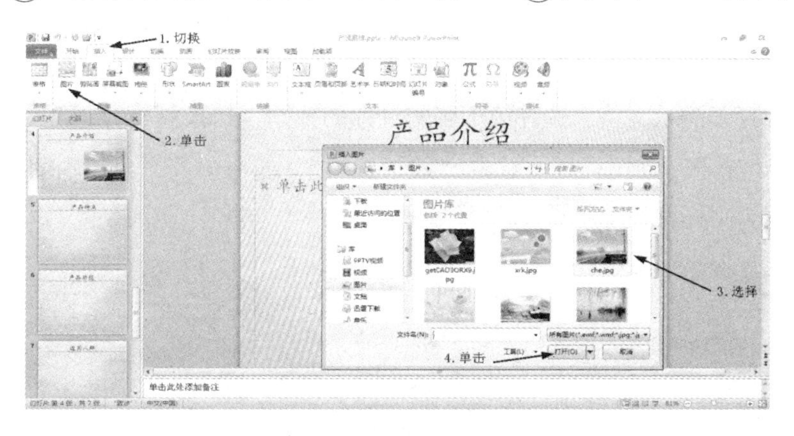

图 7－17　插入图片

(4) 保存演示文稿，退出 PowerPoint 2010。

实验三　幻灯片的动画设计、链接与放映

一、实验目的

(1) 掌握幻灯片的动画设计方法（幻灯片动画效果的设置、幻灯片的切换）。
(2) 掌握插入超链接的方法（插入超链接和动作按钮）。
(3) 演示文稿的放映（设置自定义放映、观看幻灯片放映）。

二、实验内容

(1) 设置幻灯片的动画效果。
(2) 设置幻灯片的切换。
(3) 在幻灯片中插入超链接。

（4）在幻灯片中插入动作按钮。

（5）设置自定义放映。

（6）观看演示文稿的放映。最终完成图 7－18 所示效果。

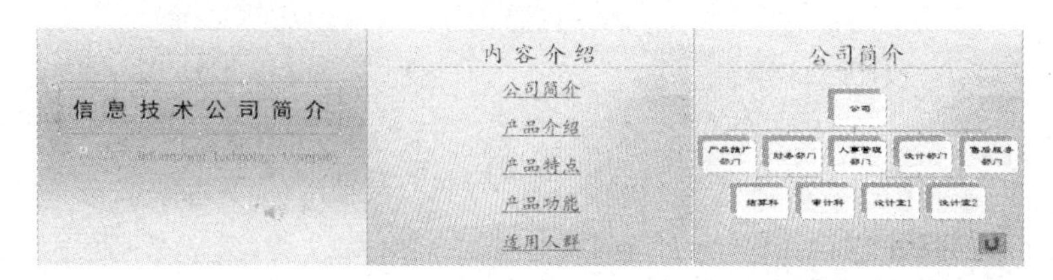

图 7－18　样图

三、实验步骤

1. 幻灯片的动画设计

（1）设置动画效果。

为“产品宣传．pptx”演示文稿第 1 张幻灯片的标题设置“轮子”动画效果，副标题设置“浮入”动画效果。

操作方法：打开演示文稿，选择第 1 张幻灯片的标题→切换到“动画”㊍→选择“动画”㊇→选择“轮子”动画样式→单击“效果选项”㊎→选择“3 轮辐图案（3）”㊐，如图 7－19 所示。副标题的动画设计方法类似。

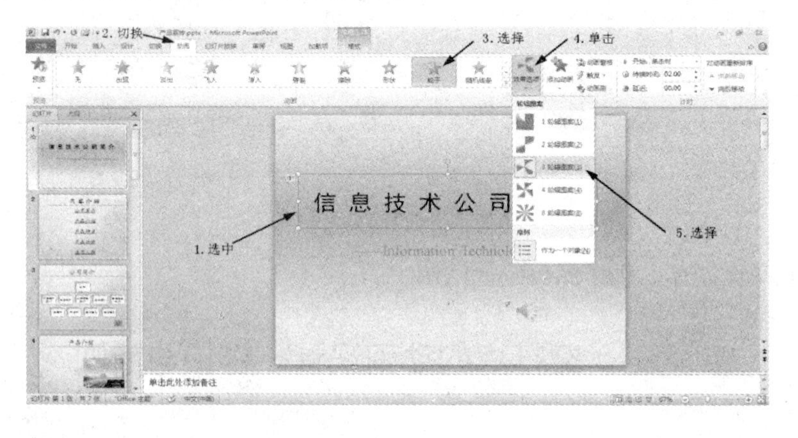

图 7－19　设计动画效果

（2）设置幻灯片的切换效果。

设置演示文稿所有幻灯片的切换效果为“自左侧擦出”。

操作方法：打开演示文稿→切换到“切换”㊍→选择“切换到此幻灯片”㊇→单击“擦出”㊐→单击“效果选项”㊎→选择“自左侧”㊐→选择“计时”㊇→单击“全部应用”㊎，如图 7－20 所示。

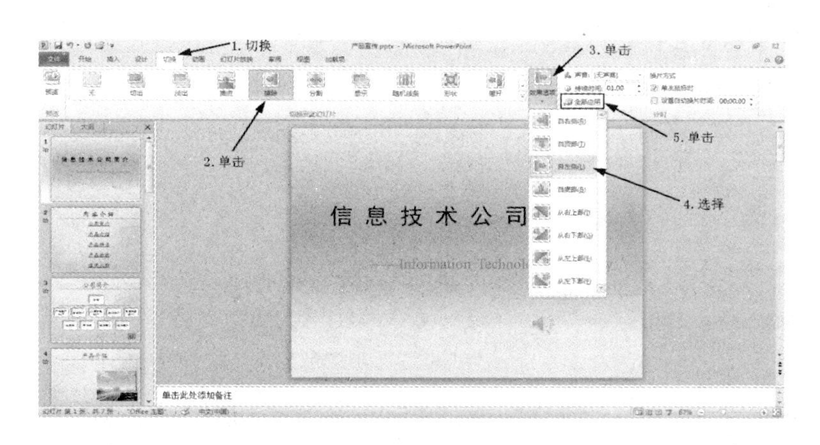

图 7－20　设置幻灯片切换效果

2. 插入超链接及动作按钮

（1）插入超链接。

为演示文稿的“内容介绍”幻灯片（第 2 张幻灯片）的相关内容设置超链接。

操作方法：打开演示文稿，选择第二张幻灯片→选中文本“公司简介”→切换到“插入”卡→选择“链接”组→单击“超链接”钮→弹出“插入超链接”框→单击“本文档中的位置”项→选择链接到的幻灯片（第 3 张幻灯片）→单击“确定”钮，如图 7－21 所示。采用相同方法为“内容介绍”幻灯片中的其他文本插入超链接。

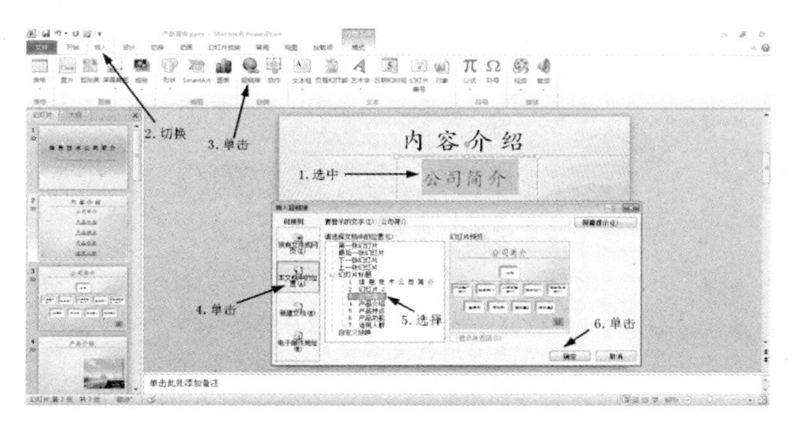

图 7－21　插入超链接

（2）添加动作按钮。

在演示文稿的“公司简介”、“产品介绍”等幻灯片中添加动作按钮，单击可返回到“最近观看的幻灯片”。

操作方法：打开演示文稿，选择“公司简介”幻灯片→切换到“插入”卡→选择“插图”组→单击“形状”钮→在弹出的下拉列表中选择需要的动作按钮（如图 7－22 所示）→将鼠标移到幻灯片中，按住鼠标左键拖动，绘制出动作按钮以后释放鼠标，弹出“动作设置”对话框→选择“单击鼠标时的动作”组→单击“超链接到”项→在其下拉列表中选择“最近观看的幻灯片”项，如图 7－23 所示。

其他幻灯片添加动作按钮方法类似。

图 7 – 22　插入动作按钮

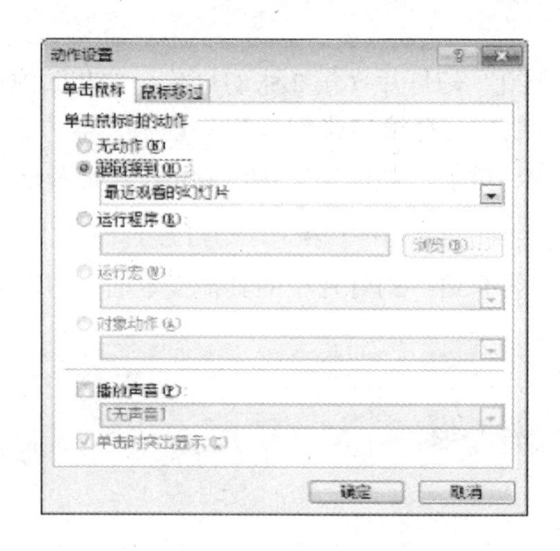

图 7 – 23　“动作设置”对话框

3. 幻灯片的放映

（1）设置自定义放映。

选择演示文稿的第 3 ~ 7 张幻灯片设置自定义放映，播放顺序为 7 – 6 – 5 – 4 – 3。

操作方法：打开演示文稿→切换到“幻灯片放映”(卡)→选择“开始放映幻灯片”(组)→单击“自定义幻灯片放映”(钮)→选择“自定义放映”(项)→弹出“自定义放映”(框)→单击“新建”(钮)→弹出“定义自定义放映”(框)→输入幻灯片放映名称→在“在演示文稿中的幻灯片”列表框中选择第 7 张幻灯片→单击“添加”(钮)，将其移动到右侧的“在自定义放映中的幻灯片”列表框中（按相同方法添加第 6、第 5、第 4、第 3 张幻灯片）→单击“确定”(钮)→返回“自定义放映”(框)→单击“放映”(钮)，可放映幻灯片，如图 7 – 24 所示。

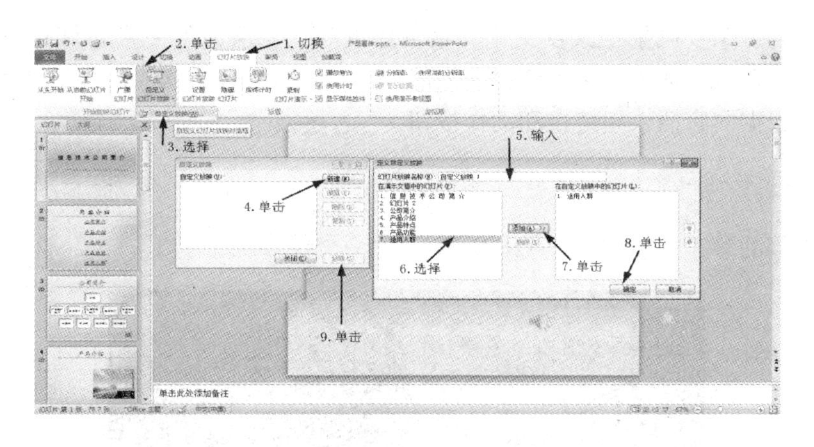

图 7－24　设置自定义放映

（2）设置演示文稿的放映方式。

设置演示文稿的放映方式为“观众自行浏览”。

操作方法：打开演示文稿→切换到“幻灯片放映”㊦→选择“设置”㊐→单击“设置幻灯片放映”㊀→弹出“设置放映方式”㊁→选择“放映类型”㊂→单击“观众自行浏览”㊂→单击“确定”㊀，如图 7－25 所示。

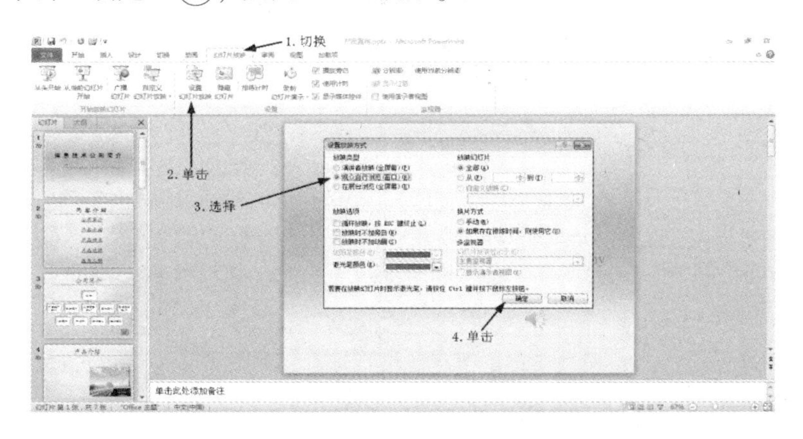

图 7－25　设置放映方式

（3）放映演示文稿。

操作方法：选定放映的第一张幻灯片→在状态栏右侧的“视图切换按钮”区域内单击“幻灯片放映”按钮，启动放映。

（4）放映结束后保存演示文稿，退出 PowerPoint 2010。

拓展训练　制作“我的家乡”演示文稿

一、实训任务

使用 PowerPoint 2010 创建宣传家乡的演示文稿，包括封面和主题内容等。例如，家乡特色、家乡美食、家乡风景、家乡文化、家乡建设等，要求为每一张幻灯片设置不同的版式；设置幻灯片背景、适当应用主题；插入两种以上的多媒体元素；设计幻灯片的动画效果和切换效果；根据内容插入超链接和动作按钮。

二、参考样图

该演示文稿的参考样图如图 7－26 所示。

图 7－26　样图

第 8 章

网页制作与网站发布

实验一　站点的创建

一、实验目的

（1）掌握启动和退出 Dreamweaver CS5 的方法。

（2）熟悉 Dreamweaver CS5 的编辑环境。

（3）掌握使用 Dreamweaver CS5 建立编辑站点的方法。

二、实验内容

（1）了解 Dreamweaver CS5 工作界面的组成。

（2）站点的建立，具体要求如下。

在 E:盘根目录下建立一个空白站点，命名为“Website”，新站点路径为“E:\Website”。创建完成的站点在“文件”面板中显示如图 8 – 1 的效果。

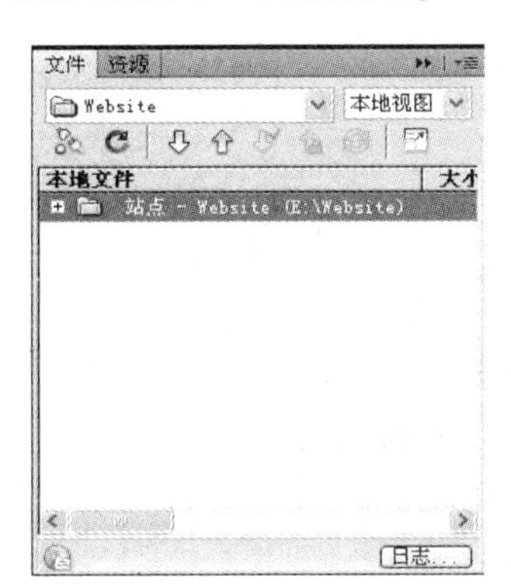

图 8 – 1　完成建立的 Website 站点

三、实验步骤

1. 了解 Dreamweaver CS5 工作界面的组成

（1）启动 Dreamweaver CS5。

操作方法：单击“ ”→选择“所有程序”项→选择“Adobe DesignPremium CS5”

㊠→选择“Adobe Dreamweaver CS5”㊠。

（2）观察 Dreamweaver CS5 工作界面的组成，熟悉各菜单项、工具栏、各个面板的功能。

2. 站点的建立

（1）在 E:盘根目录下建立一个文件夹，命名为“Website”，用来存放后面建立的站点。

（2）在 Dreamweaver CS5 中单击“站点”㊡→选择“新建站点”㊠→弹出“站点设置对象 未命名站点 1”㊣。在对话框左侧列表中选择“站点”㊠，然后在“站点名称”文本框中输入新建站点的名称“Website”，在“本地站点文件夹”文本框中输入新建站点的存放路径“E:\Website\”，单击“保存”㊞完成创建操作，如图 8-2 所示。

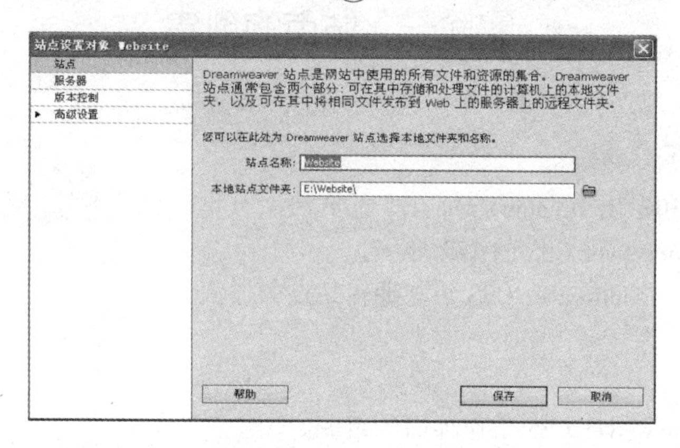

图 8-2　站点设置对话框

站点创建完毕，可在“文件”面板中看到已经创建好的站点。

实验二　网页的设计

一、实验目的

（1）掌握在网页中插入表格并利用表格设置布局的方法。

（2）掌握在网页中插入和编辑文本、图片的方法。

（3）掌握在表格中处理文本、图片的方法。

（4）掌握在表格中创建超链接的方法。

二、实验内容

（1）建立网站主页，完成如图 8-3 所示效果。

（2）建立网站子页 webpage. html，设置主页与 webpage. html 间的链接，webpage. html 设计效果如图 8-4 所示。

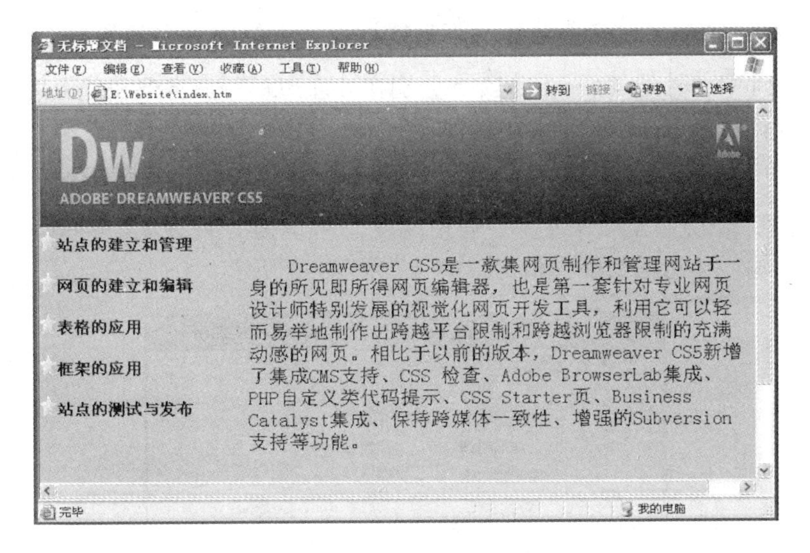

图 8－3　网页 index. html

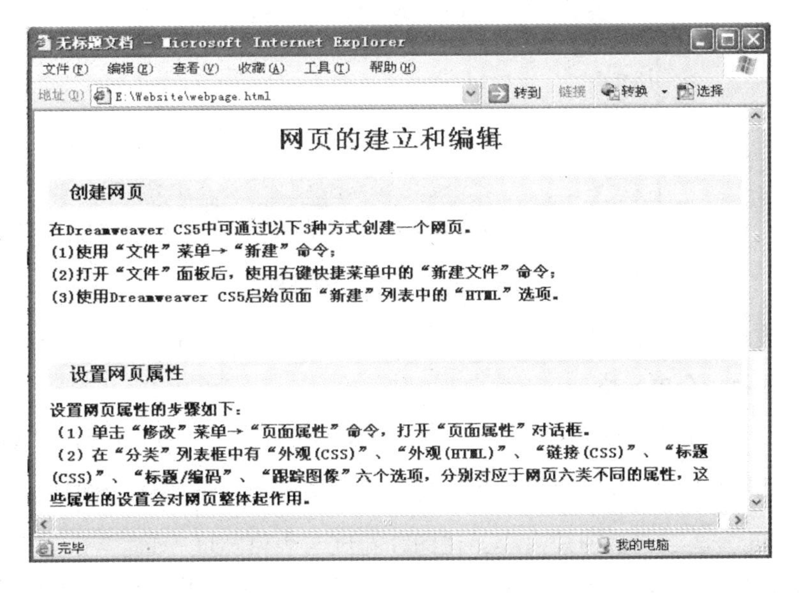

图 8－4　网页 webpage. html

三、实验步骤

1. 建立网站主页

（1）选择“窗口”菜→选择“文件”项→弹出“文件”面板→选择“Website”站点。

（2）选择“文件”菜→选择“新建”项→弹出“新建文档”框→选择“空白页”项→选择“HTML”项→选择“无”项→单击“创建”钮。Dreamweaver 即展开工作区界面（一个空白页）。

（3）单击下方“属性”面板中的“页面属性”钮→弹出“页面属性”框→选择“分

类”列中“链接（CSS）”项→选择“下划线样式”下拉列表中“始终无下划线”项→选择“分类”列中“外观（CSS）”项→分别在“左边距”文本框和“上边距”文本框中输入“0”→在两者的单位下拉列表中都选择“px”。

（4）选择“插入”菜→选择“表格”项→打开“表格”框→输入“行数”值为“2”→输入“列”值为“2”→选择“表格宽度”单位为“百分比”→输入“表格宽度”值为“100”→输入“边框粗细”值为“0”，如图 8－5 所示。

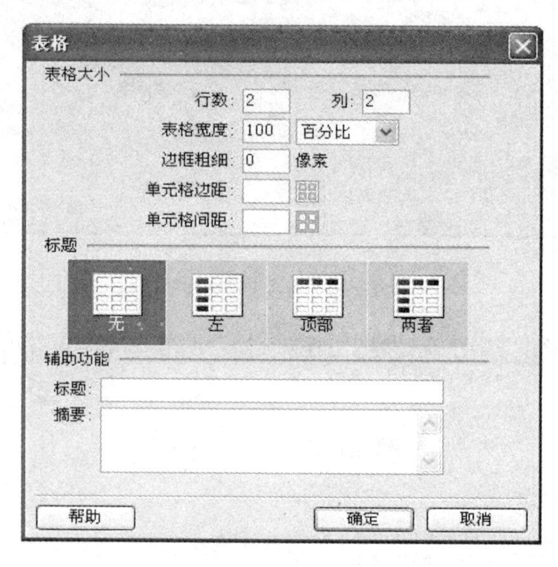

图 8－5　“表格”对话框

（5）选中表格第 1 行的两个单元格→单击属性面板的“合并单元格”钮，将选定的两个单元格合并成为一个单元格。

（6）置光标于表格第 1 行→单击“插入”菜→“图像”项→弹出“选择图像源文件”框→选择事先已经准备好的图片文件（注意：图片文件应该备份到站点文件夹中）→单击“确定”钮→适当调整图片大小，让图片宽度与表格宽度一致。

（7）将光标置于表格第 2 行第 1 列，利用“属性”面板将第 2 行第 1 列的宽度设为“20%”，然后分行输入以下内容：

站点的建立和管理
网页的建立和编辑
表格的应用
框架的应用
站点的测试与发布

在“属性”面板中选中“不换行”项，并将文本的格式设置为“左对齐、加粗、20 磅”，可以添加一些图片作为这些文本的项目符号，美化页面。

（8）将光标置于表格第 2 行第 2 列，输入以下文字：

Dreamweaver CS5 是一款集网页制作和管理网站于一身的所见即所得网页编辑器，也是第一套针对专业网页设计师特别发展的视觉化网页开发工具，利用它可以轻而易举地制作出跨越平台限制和跨越浏览器限制的充满动感的网页。相比于以前的版本，Dreamweaver CS5 新增了集成 CMS 支持、CSS 检查、Adobe BrowserLab 集成、PHP 自定义类代码提示、CSS Starter 页、Business Catalyst 集成、保持跨媒体一致性、增强的 Subversion 支持等功能。

正文内容字体大小设为“24 像素”。

（9）单击“保存”㊗钮，将网页保存到站点 Website，文件名为“index. html”。

2. 建立网站子页 webpage. html，设置主页与 webpage. html 间的链接

（1）选择“文件”菜→选择“新建”项，在站点 Website 中建立另一个网页文件“webpage. html”。

（2）在文档顶部输入文本“网页的建立和编辑”，选定文本→在“属性”面板的“格式”下拉列表中选择“标题 2”项→单击“居中对齐”钮，将文本设置为网页内容的标题。

（3）选择“插入”菜→选择“表格”项→打开“表格”框→将“行数”值设为“4”→将“列”值设为“1”→输入“边框粗细”值为“0”。

（4）在第 1 个单元格中输入文本“创建网页”，在第 3 个单元格中输入文本“设置网页属性”。按住【Ctrl】键，单击第 1 和第 3 共两个单元格，打开“属性”面板，在面板的“背景颜色”文本框中输入“#CCFFFF”，在“大小”下拉列表中选择“16”，并选中“加粗”钮。

（5）在第 2 个单元格中输入以下文本：

在 Dreamweaver CS5 中可通过以下 3 种方式创建一个网页。

①使用“文件”菜单→“新建”命令；

②打开“文件”面板后，使用右键快捷菜单中的“新建文件”命令；

③使用 Dreamweaver CS5 起始页面“新建”列表中的“HTML”选项。

在第 4 个单元格中输入以下文本：

设置网页属性的步骤如下：

①单击“修改”菜单→“页面属性”命令，打开“页面属性”对话框。

②在“分类”列表框中有“外观（CSS）”、“外观（HTML）”、“链接（CSS）”、“标题（CSS）”、“标题/编码”、“跟踪图像”六个选项，分别对应于网页六类不同的属性，这些属性的设置会对网页整体起作用。

通过“属性”面板的“大小”下拉列表将这部分文本的字号设为“14”，保存 webpage. html。

（6）选择 index 文件中的文本“网页的建立和编辑”→单击“属性”面板中的“浏览文件夹”钮→弹出“选择文件”框→选择 webpage. html→单击“确定”钮→在“目标”下拉列表中选择“_ blank”项。

实验三　站点的测试和上传

一、实验目的

（1）掌握网站测试的方法。
（2）掌握将网站上传 Internet 的方法。

二、实验内容

（1）测试网站内文件的链接情况，测试结果如图 8－6 和图 8－7 所示。

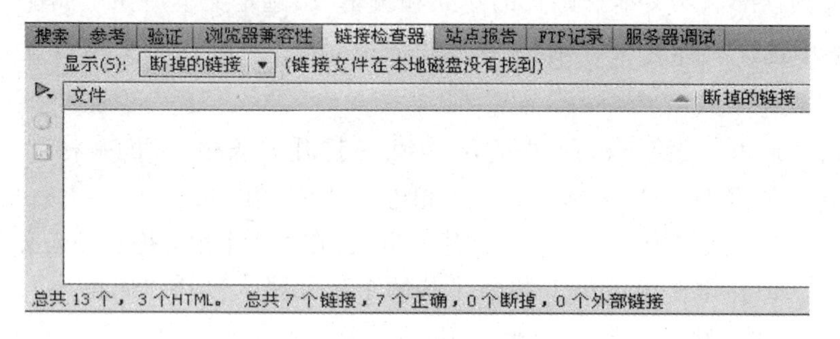

图 8－6　网站内文件链接情况的检查

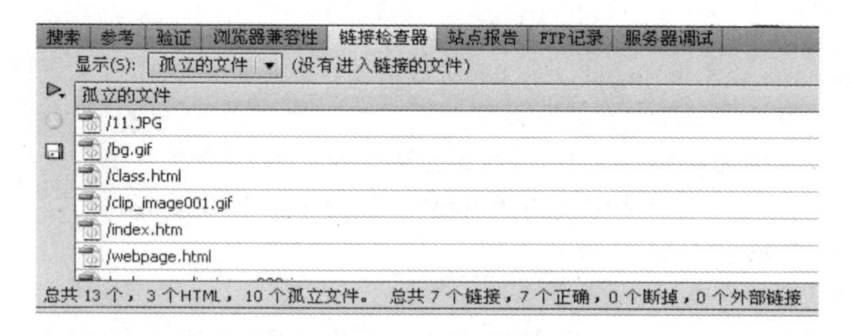

图 8－7　网站内孤立文件的检查

（2）上传网站。

三、实验步骤

1. 测试网站

（1）打开“文件”面板→选择“Website”站点。

（2）选择“文件”(菜)→选择“检查页”(项)→单击选择“链接”(项)→出现“结果”面板→在“显示”下拉列表中选择“断掉的链接”(项)→单击“检查链接”(钮)→选择“检查整个当前本地站点的链接”(项)，检查 Website 站点中有无无效的链接。

（3）在“显示”下拉列表中选择“孤立的文件”(项)，检查 Website 站点中有无孤立文件的存在。

2. 上传网站

(1) 在发布网站之前，要向发布网站的服务器申请 URL，获取服务器给出的 URL 和密码。

(2) 选择“站点”㊌→选择“管理站点”㊍→弹出“管理站点”㊎→选择待上传站点的名称 Website→单击“编辑”㊏→弹出“站点设置对象 Website”㊎→在对话框左侧列表中选择“服务器”㊍→单击“添加新服务器”㊏ ✚，出现如图 8－8 所示的界面。

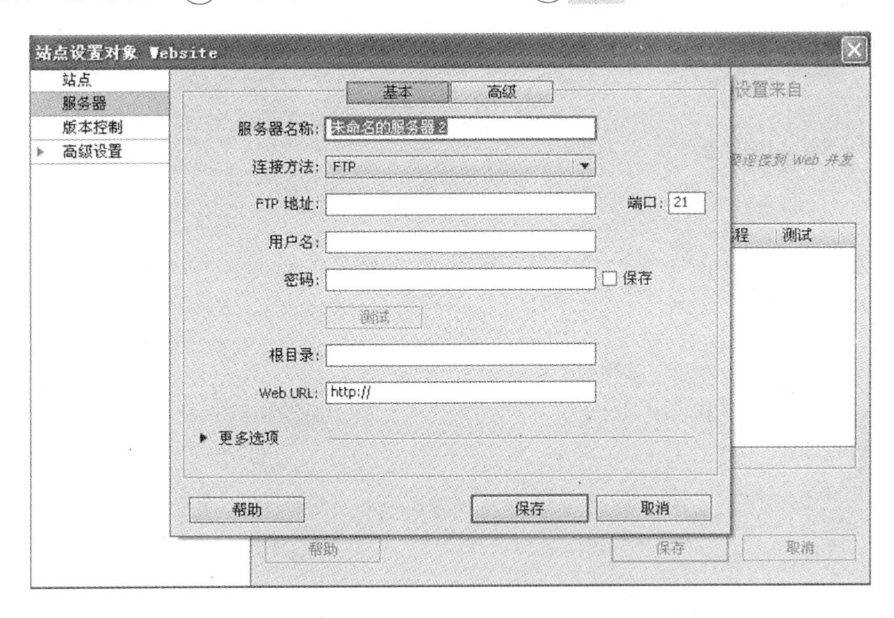

图 8－8　站点服务器设置对话框

(3) 在“服务器名称”文本框中输入站点即将上传的目标服务器名称，在“连接方法”下拉列表中选择“FTP”，在“FTP 地址”文本框中输入 FTP 地址（如 ftp. xxx. net），再输入用户名和密码。单击“测试”㊏可以测试与 FTP 主机的连接是否正确。测试完毕后单击“保存”㊏。

(4) 在“管理站点”㊎中单击“完成”㊏，保存关于远程信息的设置。在 Dreamweaver CS5 的工作界面中打开“文件”面板，单击工具栏上的“连接到远端主机”㊏进行远程连接，在下面的文件列表中选择要上传的文件，然后单击“上传文件”㊏，便可以将站点中文件上传至服务器。

第二部分　习题及参考答案

第1章 习 题

1. 以下________不是信息具有的特征。

A. 时效性　　B. 智能性　　C. 共享性　　D. 不灭性

2. “三网合一”指的是计算机网、电信网和________。

A. 电话网　　B. Internet 网　　C. 广播电视网　　D. 移动通信网

3. 在进位计数制中，当某一位的值累计到某个固定量时，就要向高位进一。这个固定量就是该种进位计数制的________。

A. 阶码　　B. 尾数　　C. 原码　　D. 基数

4. 在 R 进制数中，能使用的最大数字符号是________。

A. －1?　　B. 0　　C. 1　　D. R－1

5. 计算机能够接受和处理的信息是________。

A. ASCII 码　　B. 二进制代码　　C. BCD 码　　D. 十六进制代码

6. 计算机内部使用________进制数。

A. 二　　B. 八　　C. 十　　D. 十六

7. 计算机采用二进制表示数的主要原因是________。

A. 二进制运算法则简单

B. 二进制只使用两个符号表示数，容易在计算机上实现

C. 二进制运算速度快

D. 二进制容易与八进制、十六进制转换

8. 以下四个数均未注明是哪一种数制，但________一定不是二进制数。

A. 1011　　B. 1011　　C. 10011　　D. 112011

9. 下列数据中，有可能是八进制数的是________。

A. 418　　B. 566　　C. 609　　D. 820

10. 十进制数 63 转换成二进制数是________。

A. 110011　　B. 111111　　C. 111010　　D. 111011

11. 二进制数 1101010 转换成十进制数是________。

A. 95　　B. 105　　C. 106　　D. 120

12. 将十六进制数据“C”转换为二进制数为________。

A. 1101　　B. 1100　　C. 1011　　D. 0111

13. 将二进制数 11010110 转换为八进制数是________。

A. 355　　B. 356　　C. 325　　D. 326

14. 下列各种进制的数中，最大数是________。

A. 二进制数 101001　　B. 八进制数 53　　C. 十六进制数 2E　　D. 十进制数 44

15. 下列四个不同数制的数中，最小的是________。

A. 二进制数 1011011　　B. 八进制数 126　　C. 十六进制数 6B　　D. 十进制数 92

16. 设 x 为十进制数 10，y 为二进制数 100，则 $x+y$ 等于十进制数________。

A. 1110　　B. 110　　C. 14　　D. 20

17. 执行二进制算术加运算：01010100 + 10010011，其运算结果是________。
A. 11101011　　B. 11000111　　C. 00010000　　D. 11100111
18. 对逻辑变量执行异或运算：10101 ⊕ 11011，其运算结果是________。
A. 01110　　B. 10101　　C. 11011　　D. 10001
19. 对逻辑变量执行逻辑“或”运算：01010100 V 10010011，其运算结果是________。
A. 00010000　　B. 11010111　　C. 11100111　　D. 11000111
20. 计算机中存储信息的最小单位是________。
A. 字节　　B. 位　　C. 字长　　D. 字符
21. 计算机中存储数据的最小单位是二进制的________。
A. 位　　B. 字节　　C. 字　　D. 双字
22. 一个字节等于 。
A. 2 个二进制位　　B. 4 个二进制位　　C. 8 个二进制位　　D. 16 个二进制位
23. 在微型计算机中，应用最广泛的字符编码是________。
A. 国标码　　B. 补码
C. ASCII 码　　D. 反码、文字的编码标准
24. ASCII 码是________位码。
A. 8　　B. 7　　C. 6　　D. 16
25. 关于基本 ASCII 码在计算机中的表示方法，准确的描述应是________。
A. 使用 8 位二进制数，最右边一位为 1
B. 使用 8 位二进制数，最左边一位为 1
C. 使用 8 位二进制数，最右边一位为 0
D. 使用 8 位二进制数，最左边一位为 0
26. 英文字母“C”的 ASCII 码值比“d”的 ASCII 码值________。
A. 小　　B. 大　　C. 相等　　D. 不定
27. 已知英文字母“b”的 ASCII 码值为 98，那么字母“e”的 ASCII 码值是________。
A. 99　　B. 100　　C. 101　　D. 102
28. 下列字符中，ASCII 码值最小的是________。
A. f　　B. A　　C. t　　D. Y
29. 按对应的 ASCII 码值来比较，正确的是________。
A. “b”比“a”大　　B. “5”比“a”大
C. “G”比“g”大　　D. “D”比“H”大
30. 现代计算机采用了“________”原理，以此原理为基础的各类计算机统称为冯 · 诺伊曼机。
A. 进位计数制　　B. 体系结构
C. 数字化方式表示数据　　D. 程序控制
31. 以二进制和程序控制为基础的计算机结构是由________最早提出来的。
A. 布尔　　B. 巴贝奇　　C. 冯 · 诺伊曼　　D. 图灵
32. 目前最能准确反映计算机主要功能的表述是________。
A. 计算机可以代替人的脑力劳动　　B. 计算机可以存储大量信息

C. 计算机是一种信息处理机　　　　D. 计算机可以实现高速运算

33. 计算机的发展阶段通常是按计算机采用的________来划分。

A. 操作系统　　B. 电子器件　　C. 内存容量　　D. 程序设计语言

34. 计算机的发展一般根据计算机采用的物理器件划分为四个阶段，第二代计算机采用的物理器件是________。

A. 晶体管　　B. 电子管　　C. 集成电路　　D. 大规模集成电路

35. 目前普遍使用的微型计算机，所采用的电子元件主要是________。

A. 电子管　　　　B. 大规模和超大规模集成电器

C. 晶体管　　　　D. 小规模集成电路

36. 虽然计算机的功能越来越强大，但它的________并没有改变。

A. 随机存储器的容量　　　　B. 人机界面的输入/输出设备

C. CPU 的速度　　　　D. 程序控制工作原理和系统结构

37. 目前微型计算机的 CPU 采用________。

A. 电子管　　　　B. 晶体管

C. 中小规模集成电路　　　　D. 超大规模集成电路

38. 世界上第一台电子数字计算机研制成功的时间是________年。

A. 1936　　B. 1946　　C. 1956　　D. 1966

39. 世界上第一台电子数字计算机取名为________。

A. UNIVAC　　B. EDSAC　　C. ENIAC　　D. EDVAC

40. 冯·诺伊曼在他的 EDVAC 计算机方案中，提出了________的概念。

A. ASCII 编码和指令系统　　　　B. 机器语言和十六进制

C. 引入 CPU 和内存储器　　　　D. 采用二进制和存储程序控制

41. 个人计算机属于________。

A. 巨型计算机　　B. 小型计算机　　C. 微型计算机　　D. 中型计算机

42. 巨型计算机的特点是________。

A. 重量大　　B. 体积大　　C. 功能强　　D. 耗电量大

43. 计算机之所以能做到运算速度快、自动化程度高是由于________。

A. 设计先进、元器件质量高

B. CPU 速度快、功能强

C. 采用数字化方式表示数据

D. 采取由程序控制计算机运行的工作方式

44. 以下各项不是计算机的特点的是________。

A. 无记忆能力　　　　B. 运算精度高

C. 通用性强　　　　D. 具有自动化控制能力

45. 数字电子计算机能接受和处理的信息是________。

A. 多媒体信息　　B. 单媒体信息　　C. 模拟量信息　　D. 数字化信息

46. 使用计算机书写文章，属于________方面的应用。

A. 科学计算　　B. 信息处理　　C. 过程控制　　D. 人工智能

47. 计算机辅助教学的英文缩写是________。

A. CAD　　B. CAI　　C. CAM　　D. CAT

48. CAD 是计算机的应用领域之一，其含义是________。

A. 计算机辅助决定　　B. 计算机辅助设计

C. 计算机辅助制造　　D. 计算机辅助教学

49. CAM 是计算机应用领域中的一种，其含义是________。

A. 计算机辅助设计　　B. 计算机辅助制造

C. 计算机辅助教学　　D. 计算机辅助测试

50. 由计算机来完成产品设计中的计算、分析、模拟和制图等工作，通常称为________。

A. 计算机辅助测试　　B. 计算机辅助设计

C. 计算机辅助制造　　D. 计算机辅助教学

51. 办公自动化（OA）是计算机的一项应用，按计算机应用分类，它属于________。

A. 数据处理　　B. 科学计算　　C. 过程控制　　D. 辅助设计

52. 用计算机控制人造卫星和导弹的发射，按计算机应用的分类，它应属于________。

A. 数据处理　　B. 科学计算　　C. 辅助设计　　D. 过程控制

53. 用计算机进行资料检索工作是属于计算机应用中的________。

A. 数据处理　　B. 科学计算　　C. 过程控制　　D. 人工智能

54. 通常一个完整的计算机系统包括________。

A. 主机、显示器、鼠标和键盘　　B. 硬件系统和软件系统

C. 硬件系统和程序　　D. 系统软件和应用软件

55. 计算机的技术指标有多种，最重要的是________。

A. 制造商　　B. 价格　　C. 主频　　D. 品牌

56. 下列诸因素中，对微型计算机工作影响最小的是________。

A. 温度　　B. 湿度　　C. 噪声　　D. 尘土

57. 现代计算机在性能等方面发展迅速，但是________并没有发生变化。

A. 耗电量　　B. 体积　　C. 基本工作原理　　D. 运算速度

58. 所谓“裸机”是指________。

A. 单片机　　B. 单板机

C. 不安装任何软件的计算机　　D. 只安装操作系统的计算机

59. 某 PC 机配置为：PIII/450/128MB/8.4GB/AGP，其含义为________。

A. CPU 为 PIII；主频 450MHz；内存容量 128MB；硬盘容量 8.4GB；网卡为 AGP

B. CPU 为 PIII；主频 450MHz；内存容量 128MB；硬盘容量 8.4GB；显示卡为 AGP

C. CPU 为 PIII；主频 450MHz；硬盘容量 128MB；光盘容量 8.4GB；CD－ROM 接口为 AGP

D. CPU 为 PIII；机器型号为 450 型；显示卡存储器容量 128MB；硬盘容量 8.4GB；接口为 AGP

60. 通常我们所说的 64 位机，指的是这种计算机的 CPU ________。

A. 能同时处理 64 位二进制数　　B. 能同时处理 64 位十进制数

C. 具有 64 根地址总线　　D. 运算精度可达小数点后 64 位

61. 计算机硬件的五大基本构件包括运算器、存储器、输入设备、输出设备

和________。

A. 显示器　B. 控制器　C. 磁盘驱动器　D. 鼠标

62. 计算机的________称为中央处理器（CPU）。

A. 运算器和存储器　C. 存储器和主机

B. 控制器和主机　D. 控制器和运算器

63. 在微型计算机中，运算器、控制器和内存储器这三部分总称为________。

A. 主机　B. CPU　C. UPS　D. ALU

64. 在计算机系统中，指挥协调计算机工作的设备是________。

A. 输入设备　B. 控制器　C. 存储器　D. 输出设备

65. 以下关于 CPU，说法________是错误的。

A. CPU 能直接为用户解决各种实际问题

B. CPU 是中央处理单元的简称

C. CPU 的档次可粗略地表示微机的规格

D. CPU 能高速、准确地执行人预先安排的指令

66. 微型计算机主机主要由________组成。

A. CPU 和外存储器　B. 内存和外存

C. CPU 和内存　D. CPU 和输入/输出设备

67. 关于计算机硬件组成的说法，不正确的是________。

A. 计算机硬件系统由运算器、控制器、存储器、输入设备和输出设备五大部分组成

B. 当关闭计算机电源后，内存中的程序和数据就消失

C. 软盘和硬盘上的数据均可由 CPU 直接存取

D. 软盘和硬盘驱动器既属于输入设备，又属于输出设备

68. 存储器存储容量的基本单位是________。

A. 字节　B. 字　C. 位　D. KB

69. 在计算机系统中，存储器容量 1MB 等于________。

A. 1 024 KB　B. 1 024 B　C. 1 000 KB　D. 1 000 B

70. 在下列四条叙述中，正确的一条是________。

A. 计算机中所有的信息都是以二进制形式存放的

B. 256 KB 等于 256 000 字节

C. 2 MB 等于 2 000 000 字节

D. 八进制数的基数为 8，因此在八进制数中可以使用的数字符号是 0、1、2、3、4、5、6、7、8

71. 如果一个存储单元能存放一个字节，那么第一个 32KB 的存储器共有________个存储单元。

A. 3 200　B. 32 768　C. 32 767　D. 65 536

72. 断电后会丢失数据的存储器是________。

A. ROM　B. RAM　C. 硬盘　D. 光盘

73. 在表示存储器的容量时，MB 的准确含义是________。

A. 1 024 KB　B. 1 024 B　C. 1 000 KB　D. 1 000 B

74. 当微机系统断电后，RAM 中存储的信息________。

A. 全部丢失　B. 部分丢失　C. 不会丢失　D. 说不清楚

75. CPU 的两个重要性能指标是________。

A. 价格、字长　B. 价格、可靠性　C. 主频和内存　D. 字长和主频

76. CPU 可以直接读写________中的内容。

A. ROM　B. 光盘　C. RAM　D. 硬盘

77. 相对于外存储器来说，微型计算机的内存储器________。

A. 价格便宜且耐用　B. 存取速度更快

C. 存储容量更大　D. 存取速度更慢

78. ________的作用是将计算机外部的信息送入计算机。

A. 内存储器　B. 输入设备　C. 外存储器　D. 输出设备

79. 在下列设备中，既属于输出设备又属于输入设备的是________。

A. 显示器　B. 硬盘　C. 键盘　D. 扫描仪

80. 内存与外存的主要不同在于________。

A. CPU 不能直接处理内存中的信息，速度慢，存储容量大，外存则相反

B. CPU 不能直接处理内存中的信息，速度慢，存储容量小，外存则相反

C. CPU 可以直接处理内存中的信息，速度快，存储容量大；外存则相反

D. CPU 可以直接处理内存中的信息，速度快，存储容量小；外存则相反

81. 微型计算机存储器系统中的 Cache 是指________。

A. 高速缓冲存储器　B. 只读存储器

C. 可编程只读存储器　D. 可擦除可再编程只读存储器

82. 突然停电，则计算机中________全部丢失。

A. 硬盘中的数据和程序　B. ROM 中的数据和程序

C. ROM 和 Cache 中的数据和程序　D. RAM 中的数据和程序

83. 不同的外部设备必须通过不同的________才能与主机相连。

A. 接口电路　B. 电脑线　C. 插座　D. 设备

84. 下列有关存储器读写速度快慢排列顺序正确的是________。

A. Cache > 硬盘 > RAM > 光盘　B. RAM > Cache > 硬盘 > 光盘

C. Cache > RAM > 硬盘 > 光盘　D. RAM > 硬盘 > 光盘 > Cache

85. 打印质量最好、速度快、噪音小的打印机是________打印机。

A. 喷墨　B. 针式　C. 激光　D. 热敏

86. 显示器的分辨率一般用________表示。

A. 能显示的颜色数　B. 能显示的信息量

C. 能显示多少个字符　D. 横向点数 × 纵向点数

87. 显示器的点距是指________。

A. 相邻的同一颜色的两个光点的距离

B. 相邻的两个光点的距离

C. 相邻的不同颜色的两个光点的距离相等

D. 相隔的两个光点的距离

88. 在计算机工作过程中，把内存中的信息保存到磁盘上的过程称为________。

A. 复制　B. 输入　C. 读盘　D. 写盘

89. 计算机中对数据进行加工与处理的部件，通常称为________。

A. 运算器　B. 控制器　C. 显示器　D. 存储器

90. 在微机系统中可作为输出设备的有________。

A. 鼠标　B. 打印机　C. 扫描仪　D. 键盘

91. 一台微型计算机必须具备的输入设备是________。

A. 显示器　B. 扫描仪　C. CPU　D. 键盘

92. 下面描述错误的是________。

A. 硬盘比软盘的容量大，但速度比软盘慢

B. 声卡是构成多媒体计算机的重要部件

C. 内存储器又称为主存储器

D. 操作系统的主要作用是管理计算机的软硬件资源

93. 显示器性能指标中的“1 024 ×768”，通常是指________。

A. 分辨率　B. 色彩深度　C. 显示存储器容量　D. 颜色种类

94. 计算机中使用的 CD – ROM 是________。

A. 只读型硬盘　B. 只读型大容量硬盘

C. 只读光盘　D. 半导体只读存储器

95. CPU 又称为________。

A. 寄存器　B. 运算器　C. 控制器　D. 中央处理器

96. 计算机的以下几个存储设备中访问速度最快的是________。

A. 硬盘　B. 软盘　C. 内存　D. 光盘

97. 在下列四条叙述中，正确的一条是________。

A. 鼠标既是输入设备，又是输出设备

B. 激光打印机是一种击打式打印机

C. 用户可对 CD – ROM 光盘进行读写操作

D. 在微机中，访问速度最快的存储器是内存

98. CPU 不能直接访问的存储器是________。

A. ROM　B. RAM　C. 内存　D. 外存

99. 在微机中，RAM 的特点是________。

A. 断电后其中的信息将会消失　B. 比硬盘读取速度慢

C. 与 Cache 没有关联　D. CPU 不能读取其中的信息

100. 磁盘、光盘、半导体存储器和________属于存储信息实体。

A. 磁带　B. 文字　C. 声音　D. 图像

101. 计算机的工作过程是执行指令的过程，指令是由________两部分组成的。

A. 命令和操作数　B. 操作码和操作数地址码

C. 操作数和运算类型　D. 操作码和运算类型

102. 计算机指令的集合通常称为________。

A. 模拟语言　B. 机器语言　C. 汇编语言　D. 程序

103. 下面对象中，________是计算机软件。

A. Windows　B. 键盘　C. 显示器　D. 打印机

104. 计算机软件是指________。

A. 所有程序和支持文档的总和　B. 系统软件和文档资料

C. 程序和指令　D. 各种程序

105. 软件系统一般分为________两大类。

A. 系统软件和应用软件　B. 操作系统和计算机语言

C. 程序和数据　D. DOS 和 Windows

106. 计算机软件是由系统软件及应用软件组成，应用软件是指________。

A. 所有能够使用的软件

B. 所有计算机都要用的基本软件

C. 能被各应用单位共同使用的软件

D. 针对各类应用的专门问题而开发的软件

107. 下列各组软件中，完全属于同一类的是________。

A. UNIX，WPS Office 2003，MS—DOS

B. AutoCAD，Photoshop，Flash

C. Oracle，FORTRAN，编译系统，Linux

D. 物流管理程序，Sybase，Windows 2000

108. 软件与程序的区别是________。

A. 程序价格便宜，软件价格昂贵

B. 程序由用户编写，软件由软件厂家提供

C. 程序是用高级语言编写，软件是用机器语言编写

D. 软件是程序及开发、使用和维护所需要的所有文档的总和，程序只是软件的一部分

109. 操作系统的作用是________。

A. 把源程序译成目标程序

B. 方便用户进行数据管理

C. 实现软、硬件的转接

D. 管理和调度计算机系统的软件和硬件资源

110. 操作系统是一种________软件。

A. 实用　B. 应用　C. 系统　D. 编辑

111. 下列叙述中，正确的说法是________。

A. 编译程序、解释程序和汇编程序不是系统软件

B. 故障诊断程序、排错程序、人事管理系统属于应用软件

C. 操作系统、财务管理程序、系统服务程序都不是应用软件

D. 操作系统和各种程序设计语言的处理程序都是系统软件

112. 下列程序中不属于系统软件的是________。

A. 编译程序　B. C 源程序　C. 解释程序　D. 汇编程序

113. 计算机硬件能够直接识别和执行的语言是________。

A. 机器语言　B. 汇编语言　C. 高级语言　D. 低级语言

114. 计算机的机器语言程序是用________表示的。

A. ASCII 码　　B. 目标码　　C. 外码　　D. 二进制代码

115. 语言编译软件按分类属于________。

A. 操作系统　　B. 应用软件

C. 系统软件　　D. 辅助设计软件

116. 下列关于操作系统的叙述中，正确的是________。

A. 操作系统是一种图形图像处理软件

B. 操作系统主要用于对源程序进行编译和解释

C. 操作系统属于系统软件，并且是系统软件的核心

D. 操作系统可用于文字处理，是一种应用软件

117. 下列文件名中，________是非法的 Windows 7 文件名。

A. This is my file　　B. 关于改进服务的报告

C. student. dbf　　D. * 帮助信息 *

118. 下面关于文件夹的命名的说法中不正确的是________。

A. 可以使用长文件名　　B. 可以包含空格

C. 其中可以包含“?”　　D. 其中不能包含“ <”

119. 关于 Windows 的文件名描述正确的是________。

A. 文件主名只能为 8 个字符

B. 可长达 255 个字符，同时仍保留扩展名

C. 文件名中不能有空格出现

D. 可长达 255 个字符，无须扩展名

120. 不属于操作系统的有________。

A. DOS　　B. Word　　C. Windows　　D. Linux

121. 高级语言程序需要经过________变成机器语言程序才能被计算机执行。

A. 诊断程序　　B. 监控程序　　C. 汇编程序　　D. 翻译程序

122. 高级语言程序在计算机运行，必须转化为________。

A. 自然语言程序　　B. 汇编语言程序　　C. 机器语言程序　　D. 源程序

123. 属于计算机高级语言的是________。

A. 二进制语言　　B. 汇编语言　　C. 机器语言　　D. C 语言

124. C/C ++ 属于________。

A. 机器语言　　B. 汇编语言　　C. 高级语言　　D. 低级语言

125. 下列说法中，不正确的是________。

A. 应用软件不能完全替代系统软件

B. 应用软件的运行离不开系统软件

C. 应用软件的价格一定比系统软件低

D. 应用软件是为满足特定的应用目的而编制的

126. 源程序就是________。

A. 用高级语言或汇编语言写的程序

B. 用机器语言写的程序

C. 由程序员编写的程序
D. 由用户编写的程序
127. 语言处理程序的主要作用是________。
A. 将用户命令转换为机器能执行的指令
B. 对自然语言进行处理以便为机器所理解
C. 把高级语言或汇编语言写的源程序转换为机器语言程序
D. 根据设计要求自动生成源程序以减轻编程的负担
128. 下列文件中，文件类型为可执行文件的有________。
A. . TXT　　B. . EXE　　C. . DOC　　D. . XLS
129. 当前盘为 C 盘，用________命令可以显示 C 盘当前目录下的所有文件名中第三个字母为 A 的文件。
A. DIR ＊A＊. ＊　　B. DIR ?? A. ?
C. DIR ?? A. ＊　　D. DIR ?? A＊. ＊
130. 在微型计算机中，汉字按照________来编码。
A. 国标码　　B. ASCII 码　　C. 二进制码　　D. 区位码
131. 输入汉字时，计算机的输入法软件按照________将输入编码转换成机内码。
A. 输入码　　B. 国标码　　C. 区位码　　D. 字形码
132. 1KB 的存储空间最多可以存储________个汉字代码。
A. 512　　B. 600　　C. 800　　D. 1024
133. 汉字系统中，汉字字库存放的是汉字的________。
A. 内码　　B. 外码　　C. 目标码　　D. 字模
134. 存储一汉字内码二字节中，每字节最高位是________。
A. 0 和 0　　B. 1 和 0　　C. 0 和 1　　D. 1 和 1
135. 五笔字型是一种________汉字输入方法。
A. 音码　　B. 形码　　C. 音形结合码　　D. 流水码
136. 《信息交换用汉字编码字符集基本集》的代号为________。
A. GB 2312—80　　B. GB 2312—87　　C. GB 3122—80　　D. GB 2215—87
137. 汉字“川”的区位码为“2008”，正确的说法是________。
A. 该汉字的区码是 20，位码是 08
B. 该汉字的区码是 08，位码是 20
C. 该汉字的机内码高位是 20，机内码低位是 08
C. 该汉字的机内码高位是 08，机内码低位是 20
138. 在 16×16 点阵的汉字字库中，存储一个汉字的字模信息需要________个字节。
A. 16　　B. 32　　C. 64　　D. 256

第 2 章　习　　题

1. 操作系统是一种________。
A. 系统软件　　B. 应用软件　　C. 工具软件　　D. 调试软件

2. 下列选项中属于操作系统所需功能的是________。

A. 与硬件的接口　　B. 把源程序翻译成机器语言程序

C. 进行编码转换　　D. 控制和管理系统资源

3. 操作系统能对CPU、存储器等硬件资源进行有效的分配与管理，下列选项中不属于存储管理的功能是________。

A. 存储器分配　　B. 地址的转换　　C. 硬盘空间管理　　D. 信息的保护

4. 操作系统是现代计算机系统不可缺少的组成部分。操作系统负责管理计算机的________。

A. 程序　　B. 功能　　C. 资源　　D. 进程

5. 操作系统的主体是________。

A. 数据　　B. 程序　　C. 内存　　D. CPU

6. Windows 7操作系统能对硬件与软件进行有效的管理，下列选项中不是Windows 7所能实现的功能是________。

A. 处理器管理　　B. 存储管理　　C. 文件管理　　D. CPU超频

7. 在下列软件中，属于计算机操作系统的是________。

A. Windows 7　　B. Word 2010

C. Excel 2010　　D. Power Point 2010

8. 在Windows 7中，不能运行已经安装的应用软件的方法是________。

A. 利用“ ”菜单中的“运行”命令

B. 单击“ ”按钮，利用“程序”选项，单击欲运行的应用程序选项

C. 双击该软件在“桌面”上对应的快捷方式图标

D. 在资源管理器中，选择该应用程序名，然后按空格键

9. 操作系统根据同时所支持的用户数和任务调度机制，可以分为多种类别，Windows 7操作系统是一种________。

A. 单用户多任务操作系统　　B. 单用户单任务操作系统

C. 多用户单任务操作系统　　D. 多用户多任务操作系统

10. 操作系统的“多任务”功能是指________。

A. 可以同时由多个人使用　　B. 可以同时运行多个程序

C. 可连接多个设备运行　　D. 可以装入多个文件

11. Windows 7的特点不包括________。

A. 更易用　　B. 价格更低　　C. 更简单　　D. 更安全

12. 以下________不是Windows 7安装的最小需求。

A. 1G或更快的32位（X86）或64位（X64）处理器

B. 4G（32位）或2G（64位）内存

C. 16G（32位）或20G（64位）可用磁盘空间

D. 带WDDM 1.0或更高版本的DirectX 9图形处理器

13. 安装Windows 7操作系统时，系统磁盘分区必须为________格式才能安装。

A. FAT　　B. FAT16　　C. FAT32　　D. NTFS

14. 为了保证 Windows 7 安装后能正常使用，建议采用的安装方法是________。

A. 升级安装　B. 卸载安装　C. 覆盖安装　D. 全新安装

15. 窗口的组成部分中不包含________。

A. 标题栏、地址栏、状态栏　B. 搜索栏、工具栏

C. 导航窗格、窗口工作区　D. 任务栏

16. 在 Windows 7 中，窗口与对话框是 Windows 7 的基本操作界面，窗口与对话框在外观上最大的区别在于________。

A. 是否可移动　B. 是否能改变大小

C. 是否具有关闭按钮　D. 选择的项目是否很多

17. 在 Windows 7 操作系统中，显示桌面的快捷键是________。

A. 【Win】+【D】　B. 【Win】+【P】

C. 【Win】+【Tab】　D. 【Alt】+【Tab】

18. 在 Windows 7 操作系统中，打开外接显示设置窗口的快捷键是________。

A. 【Win】+【D】　B. 【Win】+【P】

C. 【Win】+【Tab】　D. 【Alt】+【Tab】

19. 在 Windows 7 操作系统中，显示 3D 桌面效果的快捷键是________。

A. 【Win】+【D】　B. 【Win】+【P】

C. 【Win】+【Tab】　D. 【Alt】+【Tab】

20. 在 Windows 7 启动时，可以按键盘的 F8 键进入启动方式界面进行选择，Windows 7 默认的启动方式是________。

A. 安全方式　B. 通常方式

C. 具有网络支持的安全方式　D. MS－DOS 方式

21. Windows 7 桌面任务栏的快速启动工具栏列出了________。

A. 运行中但处于最小化的应用程序名

B. 所有可执行程序的快捷方式

C. 在桌面上创建的文件夹

D. 部分应用程序的快捷方式

22. 在 Windows 7 中，不能完成窗口切换的方法是________。

A. 【Alt】+【Tab】

B. 【Win】+【Tab】

C. 单击要切换窗口的任何可见部位

D. 单击任务栏上要切换的应用程序按钮

23. 若 Windows 7 的菜单命令后面有省略号，就表示系统在执行此菜单命令时需要通过________询问用户来获取更多的信息。

A. 窗口　B. 文件　C. 对话框　D. 控制面板

24. 在 Windows 7 操作系统中，将打开窗口拖动到屏幕顶端，窗口会________。

A. 关闭　B. 消失　C. 最大化　D. 最小化

25. 在 Windows 7 中，窗口最大化的方法是________。

A. 按最大化按钮　B. 按还原按钮

C. 双击标题栏　　D. 拖拽窗口到屏幕底端

26. Windows 7 磁盘目录结构的描述，正确的是________。

A. 使用树型目录结构　　B. 使用网状目录结构

C. 不用路径等概念　　D. 不用盘符、文件夹等概念

27. 在 Windows 7 中，文件的扩展名具有特殊的意义，通常表示________。

A. 文件的版本　　B. 文件的类型

C. 文件的大小　　D. 完全由用户自己决定

28. 下列属于图片文件扩展名的是________

A. . WAV　　B. . MID　　C. . MP3　　D. . BMP

29. 下列文件名中，能与“ABC？. ＊”匹配的是________。

A. ABSC. C　　B. ABCD. DOC

C. AB12. MDB　　D. ABC12. TXT

30. 在 Windows 7 系统中，文件可以使用的通配符是________。

A. # ？　　B. ＊ ？　　C. ！ ＊　　D. MYM ＊

31. 在 Windows 7 下，可直接运行文件的扩展名为________。

A. . exe　　B. . asc　　C. . bak　　D. . sys

32. Windows 7 支持强大的本地文件搜索功能，在用下列带有通配符的文件名查找文件时，能和文件？BC＊. ？ a＊匹配的是________。

A. abC. bat　　B. bbcC. exe　　C. bbcC. bbc　　D. cbcD. abc

33. 在 Windows 7 中，当鼠标的光标移到视窗的边沿时，鼠标的光标形状会变为________。

A. 无变化　　B. 双向箭头　　C. 游标　　D. 沙漏形

34. 在 Windows 7 中，关于对话框叙述不正确的是________。

A. 对话框没有最大化按钮　　B. 对话框没有最小化按钮

C. 对话框不能改变形状大小　　D. 对话框不能移动

35. 在 Windows 7 中，关于开始菜单叙述不正确的是________。

A. 单击桌面左下角的“ ”按钮可以启动开始菜单

B. 开始菜单包括关闭系统、帮助、程序、设置等菜单项

C. 用户想做的任何事情都可以从开始菜单开始

D. 可在开始菜单增加菜单项，但不能删除菜单项

36. 在 Windows 7 中，关闭当前窗口有多种操作方法，下列不能关闭当前窗口的操作是________。

A. 按【Esc】键　　B. 右击任务栏，选择“关闭”

C. 【Alt】+【F4】　　D. 单击程序窗口右上角的“×”钮

37. Windows 7 启动后，出现在屏幕上的整个区域称为________。

A. 工作区域　　B. 文件管理器　　C. 桌面　　D. 程序管理器

38. 在 Windows 7 中，桌面指的是________。

A. 办公桌面　　B. 屏幕上的所有图标

C. Windows 7 的主控窗口　　D. 活动窗口

39. 在 Windows 7 中，单击窗口右上角的“×”钮后，该窗口所对应的程序将________。
A. 转入后台运行　B. 被终止运行　C. 继续执行　D. 被删除
40. 在 Windows 7 中，剪贴板可以说是信息中转站，以下关于剪贴板功能描述中不正确的是________。
A. 用“复制”命令把选定的对象送到剪贴板
B. 用“剪切”命令把选定的对象送到剪贴板
C. 【Alt】+【Print Screen】把当前窗口送到剪贴板
D. 用【Ctrl】+【V】把选定的对象送到剪贴板
41. 在 Windows 7 中，按下【Ctrl】键和鼠标左键拖动某一对象，其结果是________。
A. 移动该对象　B. 无任何结果　C. 复制该对象　D. 删除该对象
42. 在 Windows 7 中，可以直接打开 BMP 文件的程序是________。
A. 画图　B. 记事本　C. Word　D. Excel
43. 在 Windows 7 中，“回收站”用来保存被用户删除的文件，“回收站”用来保存这些文件的存储空间来自________。
A. 内存中的部分空间　B. 硬盘中的部分空间
C. 软盘中的部分空间　D. 高速缓存中的部分空间
44. 我们平时所说的“数据备份”中的数据包括________。
A. 内存中的各种数据
B. 硬盘中各种程序文件和数据文件
C. 存放在 CD－ROM 上的数据
D. 内存中的各种数据、程序文件和数据文件
45. 选定要删除的文件，然后按________键，即可删除文件。
A. 【Alt】　B. 【Ctrl】　C. 【Shift】　D. 【Del】
46. 在 Windows 7 中，关闭一个应用程序窗口可以用鼠标或键盘完成。用键盘关闭一个活动应用程序窗口，可按快捷键________。
A. 【Alt】+【F4】　B. 【Ctrl】+【F4】　C. 【Alt】+【Esc】　D. 【Ctrl】+【Esc】
47. 在 Windows 7 中，要将当前屏幕上的全屏幕画面截取下来，放置在系统剪贴板内，应该使用________键。
A. 【Print Screen】　B. 【Alt + Print Screen】
C. 【Ctrl + Print Screen】　D. 【Ctrl】+【P】
48. 若某个窗口中已进行了多次剪切操作，当关闭了该窗口后，剪贴板的内容为________。
A. 第一次剪切的内容　B. 最后一次剪切的内容
C. 所有剪切的内容　D. 空白
49. 以下关于回收站的描述中，正确的是________。
A. 暂存所有被删除的对象
B. 回收站的内容不可恢复
C. 清空回收站后，仍可用命令方式恢复
D. 回收站的内容不占用硬盘空间

50. 在 Windows 7 中常使用剪贴板来复制或移动文件及文件夹，进行“复制”操作的快捷键是________。

A. 【Ctrl】+【Y】　　B. 【Ctrl】+【X】

C. 【Ctrl】+【C】　　D. 【Ctrl】+【V】

51. 在 Windows 7 中“画图”程序默认的文件类型是________。

A. pcx　　B. doc　　C. ppt　　D. bmp

52. 在桌面上创建一个文件夹，有步骤：①在桌面空白处单击鼠标右键；②输入新名字；③选择“新建”菜单项；④按【Enter】键，正确的操作步骤为________。

A. ①②③　　B. ①③②④　　C. ②③④　　D. ①②③④

53. 在不同的运行着的应用程序之间切换，可以利用快捷键________。

A. 【Alt】+【Esc】　　B. 【Ctrl】+【Esc】

C. 【Ctrl】+【Tab】　　D. 【Alt】+【Tab】

54. 文本文件是 Windows 7 操作系统支持的简单文字处理文件，其通常是________。

A. 以 EXE 为扩展名的文件　　B. 以 TXT 为扩展名的文件

C. 以 COM 为扩展名的文件　　D. 以 DOC 为扩展名的文件

55. 在 Windows 7 中，如果需要彻底删除某个文件，不用把它放入回收站，正确的操作是________。

A. 选定文件后，按【Shift】+【Del】键

B. 选定文件后，按【Ctrl】+【Del】键

C. 选定文件后，按【Del】键

D. 选定文件后，按【Alt】键，再按【Del】键

56. 在 Windows 7 的回收站中，可以恢复________。

A. 从硬盘中删除的文件或文件夹

B. 从软盘中删除的文件或文件夹

C. 剪切掉的文档

D. 从光盘中删除的文件或文件夹

57. 下列关于文件删除的叙述中，错误的是________。

A. 用鼠标拖放到回收站的文件不能被恢复

B. U 盘上的文件被删除后不放入回收站

C. 用【Shift】+【Delete】删除的文件不放入回收站

D. 在回收站的文件，用“还原”可恢复

58. 以下有关 Windows 7 删除操作的说法，不正确的是________。

A. 网络上的文件被删除后不能被恢复

B. 软盘上的文件被删除后不能被恢复

C. 超过回收站存储容量的文件不能被恢复

D. 直接用鼠标将项目拖到回收站的项目不能被恢复

59. 下列不属于 Windows 7 控制面板中的设置项目的是________。

A. Windows Update　　B. 备份和还原

C. 文件夹选项　　D. 网络和共享中心

60. 使用 Windows 7 的备份功能所创建的系统镜像不可以保存在________上。
A. 内存　B. 硬盘　C. 光盘　D. 网络
61. 在 Windows 7 操作系统中，不属于默认库的有________。
A. 文档　B. 网页　C. 图片　D. 视频
62. 以下网络位置中，不可以在 Windows 7 里进行设置的是________。
A. 家庭网络　B. 小区网络　C. 工作网络　D. 公共网络
63. 在资源管理器中，如果发生误操作将硬盘上的某文件删除，可以________。
A. 在回收站中对此文件执行“还原”命令
B. 从回收站中将此文件拖回原位置
C. 在资源管理器中执行“撤销”命令
D. 用以上三种方法
64. 在 Windows 7 资源管理器中，文件夹树中的某个文件夹的左边的“▷”表示________。
A. 该文件夹含有隐藏文件　B. 该文件夹为空
C. 该文件夹含有系统文件　D. 该文件夹含有子文件夹
65. “资源管理器”的主要功能是________。
A. 用于管理磁盘文件　B. 与“控制面板”完全相同
C. 编辑图形文件　D. 查找各类文件
66. 在 Windows 7 的“资源管理器”窗口中，如果想一次选定多个分散的文件或文件夹，正确的操作是________。
A. 按住【Ctrl】键，用鼠标右键逐个选取
B. 按住【Ctrl】键，用鼠标左键逐个选取
C. 按住【Shift】键，用鼠标左键逐个选取
D. 按住【Shift】键，用鼠标右键逐个选取
67. 在资源管理器中，单击文件夹树中的某个文件夹图标________。
A. 在左窗口中扩展该文件夹
B. 在右窗口中显示文件夹中的子文件夹和文件
C. 在左窗口中显示子文件夹
D. 在右窗口中显示该文件夹中的文件
68. 在 Windows 7 的资源管理器窗口中，右边为文件夹内容窗口，显示的是________。
A. 计算机的磁盘目录结构
B. 系统盘所包含的文件夹和文件
C. 当前盘所包含的全部文件
D. 当前文件夹所包含的文件和文件夹
69. 当一个文档窗口被保存且关闭后，该文档将________。
A. 保存在外存中　B. 保存在内存中
C. 保存在剪贴板中　D. 既保存在外存中也保存在内存中
70. 关于快捷方式，叙述不正确的为________。
A. 快捷方式是指向一个程序或文档的指针

B. 快捷方式是该对象的本身

C. 快捷方式包含了指向对象的信息

D. 快捷方式可以删除、复制和移动

71. 以下关于 Windows 7 快捷方式的说法，正确的是________。

A. 快捷方式是一种文件，每个快捷方式都有自己独立的文件名

B. 只有指向文件和文件夹的快捷方式才有自己文件名

C. 建立在桌面上的快捷方式，其对应的文件位于 C 盘根目录上

D. 建立在桌面上的快捷方式，其对应的文件位于 C：\ WINNT 内

72. 以下关于对快捷键方式删除操作的说明中，正确的是________。

A. 删除快捷方式后，可以重建这个应用程序的快捷方式图标

B. 删除快捷方式后，既删除了图标，又删除该程序

C. 删除快捷方式后，隐藏了图标，删除了与该程序的联系

D. 删除快捷方式后，该应用程序也被彻底删除

73. 开始菜单中的“运行”菜单项除了启动应用程序外，还________。

A. 只能用于打开文件夹　　B. 只能应用于打开文档

C. 可以用于打开文件夹或文档　　D. 不能用于打开文件夹和文档

74. 以下关于 Windows 7 快捷方式的说法，正确的是________。

A. 一个对象可有多个快捷方式

B. 一个快捷方式可指向多个目标对象

C. 只有文件和文件夹对象可建立快捷方式

D. 不允许为快捷方式建立快捷方式

75. 在 Windows 7 中，一个文件的属性包括________。

A. 只读、存档

B. 只读、隐藏

C. 只读、隐藏、系统

D. 只读、隐藏、系统、存档

76. 在中文 Windows 7 中，为了实现全角和半角之间的切换，应按的键是________。

A. 【Shift】+【Space】　　B. 【Ctrl】+【Space】

C. 【Shift】+【Ctrl】　　D. 【Ctrl】+【F9】

77. 在默认状态下，下列操作可以实现中文输入法之间切换的是________。

A. 按【ESC】+【Space】键　　B. 按【Ctrl】+【Shift】键

C. 按【Alt】+【Shift】键　　D. 按【Shift】+【Space】键

78. 在 Windows 7 中个性化设置不包括________。

A. 主题　　B. 桌面背景　　C. 窗口颜画　　D. 文件夹排列方式

79. 安装程序时通常默认安装在________中的“Program Files”文件夹中。

A. C 盘　　B. D 盘　　C. E 盘　　D. F 盘

80. 文件的类型可以根据________来识别。

A. 文件的大小　　B. 文件的用途

C. 文件的扩展名　　D. 文件的存放位置

第3章　习　题

1. 汉字在机器内和显示输出时，能较好地表示一个汉字，至少分别需要________。

A. 二个字节、16×16 点阵　　B. 一个字节、8×8 点阵

C. 一个字节、32×32 点阵　　D. 三个字节、64×64 点阵

2. 在汉字编码输入法中，以汉字字形特征来编码的称为________。

A. 音码　　B. 输入码　　C. 区位码　　D. 形码

3. 计算机在存储汉字机内码中，每个字节的最高位是________。

A. 1 和 1　　B. 1 和 0　　C. 0 和 1　　D. 0 和 0

4. 在 24×24 的点阵中，用________字节存储一个汉字。

A. 128　　B. 32　　C. 288　　D. 72

5. 输入汉字时，计算机的输入法软件将键盘输入的编码转换为________，再转换成机内码。

A. 字形码　　B. 输入码　　C. 区位码　　D. 国标码

6. 在微型计算机中，应用最普遍的英文字符的编码是________。

A. BSC 码　　B. ASCII 码　　C. 汉字编码　　D. 反码

7. 要将 Word 2010 的文档另存为“记事本”能处理的文本文件，应选用________文件类型另存。

A. 纯文本　　B. Word 文档　　C. WPS 文本　　D. RTF 文本

8. 启动 Word 后，第一个新文档________。

A. 自动命名为“. doc 1”　　B. 自动命名为“ *. doc”

C. 自动命名为“文档 1”　　D. 没有文件名

9. 在 Word 编辑窗口，都可看到 Word 文档中绘制的图形的视图有________。

A. 普通视图和页面视图　　B. 页面视图和 web 版式视图

C. 大纲视图和普通视图　　D. 大纲视图和页面视图

10. 按________键可以重复刚输入的字符或汉字。

A. 【Shift】　　B. 【F4】　　C. 【F3】　　D. 【F2】

11. 按________键可以获得 Word 2010 的“编辑”的帮助。

A. 【F1】　　B. 【F2】　　C. 【F3】　　D. 【Esc】

12. 当选项组中有些项目呈灰色状态时，说明________。

A. 该项目是不能用的　　B. 该项目暂时不能用

C. 只要鼠标单击该项目就能用　　D. 以上都不对

13. 用户要在 Word 窗口查找某个字符串，可选择________选项卡。

A. 文件　　B. 编辑　　C. 视图　　D. 工具

14. 在 Word 中，如果文本区内无法同时显示全部内容，其右侧和底部会出现________。

A 错误提示信息　　B. 自动外扩　　C. 滚动条　　D 自动缩小

15. 打开一个已有的文档进行编辑修改后，想既保留编辑修改前的文档，又得到修改后的文档，可使用“文件”选项卡中的________命令。

A. “保存”　　B. “全部保存”　　C. “另存为”　　D. “关闭”

16. Word 提供了多种文档视图，________视图的页与页之间显示的是一条虚线分隔。

A. 页面　　B. 大纲　　C. 普通　　D. 主控文档

17. 对 Word 2010 当前编辑的文本进行了修改，没有存盘就选择了关闭命令，则________。

A. Word 2010 会显示出错误信息，并拒绝执行命令，回到编辑状态

B. Word 2010 会弹出对话框，提醒用户保存对文件所做的修改

C. Word 2010 会自动为用户将当前编辑的文件存盘

D. Word 2010 会执行命令，关闭编辑的文本，对当前编辑的文本的最新改动将会丢失

18. 在“全拼”输入法状态下，要使输入句号时出现“。”而不是“.”，应单击________按钮。

A. 中英文切换按钮　　B. 输入方式切换按钮

C. 全角/半角切换按钮　　D. 中文标点按钮

19. 在 Word 2010 文档中，段落标记的位置在________。

A. 段落的首部　　B. 段落的结尾处

C. 段落的中间位置　　D. 段落中，但用户找不到的位置

20. 在 Word 2010 中，操作对象经常是被选择的内容，若仅选择光标所在行，可把鼠标移到待选行行首的左侧，待鼠标指针变成箭头时________。

A. 单击鼠标左键　　B. 双击鼠标左键

C. 将鼠标左键连击三下　　D. 单击鼠标右键

21. 在 Word 2010 编辑状态下，选定文本块后，单击“编辑”组中的“复制”选项，可以将选定的文本块________。

A. 移动到另一个文件中

B. 备份到剪贴板，再“粘贴”到同一个或其他文本中

C. 删除掉，无法再恢复

D. 移动到剪贴板，再“粘贴”到文本的其他位置

22. 在 Word 文档中，使用查找和替换对话框的________选项卡可以把多处同样的错误一次更正。

A. 替换　　B. 定位　　C. 查找　　D. 以上都不是

23. 在 Word 2010 编辑状态下，当“开始”选项卡里的“剪贴板”选项组中的“剪切”和“复制”按钮呈灰色显示时，则表明________。

A. 剪贴板上已经存放了信息　　B. 在文档中没有选定任何对象

C. 选定的对象是图片　　D. 选定的文档内容太长

24. 将文档的一部分内容移动到别处时，要进行的操作是________。

A. 粘贴、剪切、定位、复制　　B. 选择、剪切、定位、复制

C. 选择、剪切、定位、粘贴　　D. 粘贴、剪切、定位、选择

25. 在文档中选择了一行，当按下【Delete】（【Del】）键后删除了________。

A. 插入点所在的行　　B. 被选择的一行

C. 被选择行及其之后的所有内容　　D. 插入点及其之前的所有内容

26. 在 Word 中编辑文本时，按________快捷键能快速将光标移动到文本行首或文本

行尾。

A. 【Home】或【End】　　B. 【^ Home】或【^End】

C. 【Up】或【Down】　　D. 【^Up 或】【^Down】

27. 在 Word 的编辑状态下进行字体设置操作后，按新设置的字体显示的文字是________。

A. 插入点所在段落中的文字　　B. 文档中被选择的文字

C. 插入点所在行中的文字　　D. 文档的全部文字

28. 在 Word 2010 的“字体”对话框中，不能设置文字的________。

A. 底纹　　B. 字形　　C. 颜色　　D. 字号

29. 在 Word 2010 中，要给文字加着重号，应在________对话框实现。

A. “字体”　　B. “段落”　　C. “插入”　　D. 都不行

30. Word 2010 可以对文本进行自动分页或人工分页。所谓自动分页是指________。

A. Word 2010 按用户所设定的上下边界进行分页

B. 按编辑文本的需要，用户在设定的行插入分页符进行分页

C. Word 2010 按页面设置预定的页面纸张大小、页边距进行分页

D. Word 2010 按打印机安装的纸张大小进行分页

31. Word 2010 具有分栏功能，下列关于分栏的说法中正确的是________。

A. 最多可以设 4 栏　　B. 各栏的宽度必须相同

C. 各栏的宽度可以不同　　D. 各栏之间的间距是固定的

32. Word 2010 文档的表格数据不具有________功能。

A. 求和　　B. 排序　　C. 筛选　　D. 求平均值

33. 在 Word 2010 表格编辑中，不能进行的操作是________。

A. 旋转单元格　　B. 插入单元格　　C. 删除单元格　　D. 合并单元格

34. 在 Word 中，假设光标在第一段末行第五个字前，先后按【Home】、【Del 】两键，结果会是________。

A. 把一、二两段合成一段　　B. 仅把第一段末行的第一个字删除

C. 仅把第二段首的空格删除　　D. 删除第二段首空格，和第一段合成一段

35. 在 Word 2010 文档的页面设置中，不能进行的操作是________。

A. 设置分栏　　B. 设置页边距　　C. 设置纸张大小　　D. 设置纸张来源

36. 当文档的每一页都出现的相同内容时，可以放在________中。

A. 页眉或页脚　　B. 图文框　　C. 文本框　　D. 文本

37. 在 Word 2010 中无法实现________操作。

A. 在页眉中插入剪贴画　　B. 建立奇偶页内容不同的页眉

C. 在页眉中插入分隔符　　D. 选定全文

38. 下列不能插入到 Word 2010 文档的文本框的是________。

A. 图片　　B. 文本　　C. 表格　　D. 页码

39. 有关 Word 2010 的说法中，不正确的是________。

A. 使用 Word 可以建立、编排多种类型的文档

B. Word 窗口中不能自定义快速访问工具栏

C. Word 具有中英文拼写检查功能

D. Word 是一种字处理软件

40. 在 Word 表格编辑中，不能进行________操作。

A. 合并单元格　　B. 合并行　　C. 隐藏行　　D. 拆分单元格

41. 当“剪贴板”组中的“粘贴”项呈淡灰色而不能被选定时，说明________。

A. 选定的内容是图片　　B. “剪贴板”中有内容

C. 在文档中没有选定任何内容　　D. “剪贴板”中无内容

42. “视图”选项卡下的“显示比例”界于________。

A. 10% ~500%　　B. 100% ~500%　　C. 50% ~100%　　D. 50% ~500%

43. 在 Word 2010 中，可同时调出工具栏个数的说法正确的是________。

A. 只能调出一个　　B. 最多可同时调出 5 个

C. 只能同时调出两个　　D. 以上说法都不对

44. 要保存所有的文件可按住________键并选择“文件”选项卡。

A. 【Ctrl】　　B. 【Alt】　　C. 【Shift】　　D. 【Del】

45. 如果要重新设置艺术字的字体，单击________按钮，打开编辑“艺术字”文字对话框。

A. 编辑文字　　B. 艺术字格式　　C. 艺术字库　　D. 艺术字形状

46. 输入页眉、页脚内容的选项所在的选项卡是________。

A. 文件　　B. 插入　　C. 视图　　D. 页面布局

47. 在 Word 编辑状态，打开文档 A1，修改后另存为 A2，则________。

A. A1 是当前文档　　B. A2 是当前文档

C. A1 和 A2 均是当前文档　　D. A1 和 A2 均不是当前文档

48. 对于新建文档，执行保存命令并输入新文档名，如“A1”后，标题栏显示________。

A. A1　　B. A1 文档 1　　C. 文档 1　　D. DOC

49. 在 Word 2010 中建立的文档文件，不能用 Windows 中的记事本打开，这是因为________。

A. 文件以 . DOC 为扩展名　　B. 文字中含有汉字

C. 文件中含有特殊控制符　　D. 文件中的西文有“全角”和“半角”之分

50. 关闭正在编辑的 Word 2010 文档时，文档从屏幕上清除，同时也从________中清除。

A. 内存　　B. 外存　　C. 磁盘　　D. CD – ROM

51. 在 Word 2010 编辑文本时，执行________操作可以使文字绕着插入的图片排列。

A. 插入图片，设置环绕方式　　B. 插入图片，调整图形比例

C. 建立文本框，设置文本框位置　　D. 插入图片，设置叠放次序

52. 在 Word 文档编辑中，使用“格式刷”不能实现的操作是________。

A. 复制页面设置　　B. 复制段落格式　　C. 复制文本格式　　D . 复制项目符号

53. 在 Word 2010 中制作好一张表格，将插入点定位在某个单元格中，再先执行“表格””→“选择”→“行”，后执行“选择”→“列”，那么结果是________。

A. 选定整个表格　　B. 选定多列　　C. 选定一行一列　　D. 选定一列

54. 当打开“开始”选项卡中的“编辑”组中的“替换”命令，在“查找内容”框内输入“计算机”，但在“替换为”框内不输入任何内容，此时单击“全部替换”按钮，将________。
A. 只查找“计算机”不做任何替换
B. 每查到一个“计算机”，就询问“替换为什么?”
C. 将所有的“计算机”全部替换为空格
D. 将所有的“计算机”全部删除
55. 如果要调整行距，应该在“段落”对话框中的________选项页中进行。
A. 缩进和间距　　B. 换行和分段　　C. 中文版式　　D. 其他
56. 在 Word 编辑状态，若选定的文本块包含的文字有多种字号，在“开始”选项卡的“字体”组中，“字号”框将显示________。
A. 块首字符的字号　　B. 块尾字符的字号
C. 空白　　D. 块中最大的字号
57. 输入文本时，在结束处输入回车符后，若未专门指定，新开始的自然段会自动使用________排版。
A. 宋体 5 号，单倍行距　　B. 开机时的默认格式
C. 仿宋体，3 号字　　D. 与上一段相同的排版格式
58. 使用“字数统计”不能得到________。
A. 页数　　B. 节数　　C. 行数　　D. 段落数
59. 在 Word 2010 中，下面有关文档分页的叙述，错误的是________。
A. 分页符也能打印出来
B. 可以自动分页，也可以人工分页
C. 按【Del】键可以删除人工分页符
D. 不可以通过键盘输入分页符
60. 在 Word 编辑文本时，要调节行间距，则应该选择________。
A. “插入”选项卡中的“文本”组　　B. “开始”选项卡中的“字体”组
C. “开始 ”选项卡中的“段落”组　　D. “视图”选项卡中的“显示”组
61. 关于字体格式和段落格式设置的说法中，正确的是________。
A. 都必须先选定才有效　　B. 事先不选定都是无效的
C. 字体格式必须先选定　　D. 段落格式必须先选定
62. 字号有中文和数字两种表示，中文字号表示的________。
A. 字号与字形有关　　B. 字号越大字符越大
C. 字号越大字符越小　　D. 字号与字符的大小无关
63. 在 Word 2010 文档中，当鼠标左键三击某字符时，则选定了________。
A. 一句　　B. 一个单词　　C. 该字符所在的段　　D. 整个文档
64. 下列关于 Word 2010 文档窗口的描述中，正确的是________。
A. 只能打开一个文档窗口　　B. 可打开多个，但只有一个是活动窗口
C. 可打开多个，但只能显示一个　　D. 可以打开多个活动的文档窗口
65. 在执行 Word 2010 的“查找”命令查找“win”时，要使“Windows”不被查到，

应选中________复选框。

A. 区分大小写　　B. 区分全半角　　C. 全字匹配　　D. 模式匹配

66. 页面设置是在________选项卡中。

A. 文件　　B. 开始　　C. 页面布局　　D. 视图

67. 在 Word 中要打印文本的第 5 ~ 15 页、20 ~ 30 页和 45 页，应该在“打印”对话框的“页码范围”框内输入________。

A. 5 ~ 15，20 ~ 30，45　　B. 5 – 15，20 – 30，45

C. 5 ~ 15：20 ~ 30：45　　D. 5 – 15：20 – 30：45

68. 在 Word 2010 文档中，要使一个图形放在另一个图形的上面，可用鼠标右键单击该图形，在弹出的菜单中单击________。

A. 组合　　B. 叠放次序　　C. 对象　　D. 设置图片格式

69. 若在 Word 2010 的文档中选择了文本，单击“开始”选项卡下的“字体”组中的“U”按钮，则________。

A. 被选择的文字加上下划线　　B. 被选择的文字取消下划线

C. 以上 AB 两者都有可能　　D. 以上说法都错

70. 在 Word 2010 窗口中，若选定的文本中有几种字体的字，则格式工具栏的字体框中呈现________。

A. 空白　　B. 首字符的字体　　C. 排在前面字体　　D. 使用最多的字体

71. 在 Word 2010 中，设置段落缩进后，文本相对于纸的边界的距离等于________。

A. 页边距 + 缩进量　　B. 页边距　　C. 缩进距离　　D. 以上都不是

72. 在 Word 2010 已打开的文档中插入另一个文档的全部内容时，可选的选项卡和选项组是________。

A. “插入” → “文本”　　B. “插入” → “页”

C. “开始” → “打开”　　D. “开始” → “编辑”

73. 在 Word 2010 编辑状态下，若要在文档中添加图片，应选择的选项卡为________。

A. “开始” 选项卡　　B. “视图” 选项卡

C. “插入” 选项卡　　D. “页面布局” 选项卡

74. 对文档中选定的操作对象进行复制、移动等操作，实际上都要经过________来完成数据的传送。

A. 剪贴板　　B. 硬盘　　C. 超级链接　　D. 高速缓存

75. 在 Word 2010 中，若要进行复制或移动操作，第一步必须是________。

A. 将插入点放在要操作的对象处　　B. 将插入点放在要操作的目标处

C. 单击剪切或复制按钮　　D. 选择要操作的对象

76. “查找” 功能在________。

A. “开始” 选项卡的 “样式” 组　　B. “开始” 选项卡的 “编辑” 组

C. “审阅” 选项卡的 “修订” 组　　D. “审阅” 选项卡的 “校对” 组

77. 在 Word 2010 中拖动鼠标时按住________键可以选择矩形的文本块。

A. 【Ctrl】　　B. 【Shift】　　C. 【Esc】　　D. 【Alt】

78. 在 Word 2010 中可为文档添加页码，页码可以放在文档顶部或底部的________

位置。

A. 左对齐　B. 居中　C. 右对齐　D. 以上都是

79. 在 Word 2010 中，分栏命令在________选项卡中。

A. 开始　B. 插入　C. 页面布局　D. 视图

80. Word 2010 绘图时选择矩形工具并按________功能键可画出正方形。

A. 【Ctrl】　B. 【Shift】　C. 【Alt】　D. 【Ins】

第4章　习　　题

1. Excel 2010 默认的文件扩展名是________。

A. . docx　B. . xlsx　C. . xls　D. . ppt

2. Excel 2010 是一种________软件。

A. 文字处理　B. 电子表格　C. 演示文稿　D. 数据库

3. Excel 2010 的新增功能不包括________。

A. 迷你图　B. 切片器　C. 屏幕截图　D. 数据透视表

4. 在 Excel 2010 中，默认情况下，一个工作簿中包含________张工作表。

A. 3　B. 8　C. 16　D. 24

5. 在 Excel 2010 中，一个工作簿中最多可包含________张工作表。

A. 3　B. 15　C. 255　D. 256

6. 启动 Excel 2010，会默认新建一个工作簿，其文件名是________。

A. Excel1　B. book1　C. 工作簿 1　D. 文档 1

7. 在新创建的工作簿中，第一张工作表默认的名称是________。

A. Word1　B. book1　C. Excel1　D. Sheet1

8. 在 Excel 2010 中，工作簿由一系列的________组成。

A. 单元格　B. 文字　C. 单元格区域　D. 工作表

9. 在 Excel 2010 中，工作表的基本单位是________。

A. 单元格区域　B. 单元格　C. 工作表　D. 工作簿

10. 在 Excel 2010 中，下列说法错误的是________。

A. 工作表是二维表

B. 一个工作表是一个以 . xlsx 为扩展名的文件

C. 若干个工作表可以组成一个工作簿

D. 可以同时打开多个工作簿

11. 关于 Excel 2010 中工作表的操作，下列说法中错误的是________。

A. 工作表名默认是 Sheet1、Sheet2、Sheet3、…用户可以重命名

B. 允许在工作簿之间移动工作表

C. 不允许在工作簿之间复制工作表

D. 一次可以删除一个工作簿中的多个工作表

12. 关于 Excel 2010 中工作表的删除，下列说法中正确的是________。

A. 被删除的工作表将无法恢复

B. 被删除的工作表可以被恢复到原来位置

C. 被删除的工作表可以被恢复为首张工作表

D. 被删除的工作表可以被恢复为最后一张工作表

13. 在 Excel 2010 中，单击快速访问工具栏中的“保存”按钮/保存的对象是________。

A. 当前工作表　　B. 当前工作簿

C. 全部工作表　　D. 全部打开的工作簿

14. 在 Excel 2010 中，名字框显示的是________。

A. 单元格的地址　　B. 单元格的内容

C. 活动单元格的地址　　D. 活动单元格的内容

15. 在 Excel 2010 中，默认的视图方式是________。

A. 普通视图　　B. 自定义视图　　C. 页面布局视图　　D. 分页预览视图

16. Excel 2010 工作表中的每个单元格都有一个唯一的地址，例如，“E5”是指________。

A. “E5”代表单元格的数据

B. “E”代表第“E”行，“5”代表第“5”列

C. “E5”只是两个任意字符

D. “E”代表第“E”列，“5”代表第“5”行

17. 在 Excel 2010 的工作界面中，编辑栏包括________。

A. 名称框　　B. 公式栏　　C. 状态栏　　D. 名称框和编辑框

18. 编辑栏中的编辑框是用来编辑________。

A. 单元格的地址

B. 单元格的名字

C. 单元格中的数据和公式

D. 活动单元格中的数据和公式

19. Excel 工作表中，行号和列标交叉处的全选按钮可用于________。

A. 选中行号　　B. 选中列标

C. 选中所有打开的工作簿　　D. 选中整个工作表

20. 在 Excel 2010 操作窗口中，系统默认对________进行录入与编辑操作。

A. 光标　　B. 鼠标指针　　C. 活动单元格　　D. 单元格地址

21. 在 Excel 2010 中，单元格中输入的数值型数据默认为________。

A. 居中　　B. 左对齐　　C. 右对齐　　D. 随机

22. 在 Excel 2010 中，在向单元格中输入字符串 011018 时，应输入________。

A. 011018　　B. ‘011018’　　C. ’011018　　D. ‘011018

23. 在 Excel 2010 某单元格中输入分数 9/11 时，需要先依次输入________，然后再输入 9/11。

A. ^　　B. 0　　C. 空格　　D. 0 和空格

24. 如在单元格中输入：11 -6，则 Excel 2010 自动识别为________。

A. 文字　　B. 数值　　C. 日期　　D. 时间

25. 在 Excel 2010 中，被选定的单元格或单元格区域右下角的黑色小方块是________。

A. 光标　　B. 插入点　　C. 鼠标指针　　D. 填充柄

26. 在 Excel 2010 中，建立自定义序列时，需要使用________打开自定义序列对话框。
A. 填充对话框　B. 序列对话框　C. Excel 选项对话框　D. 填充柄
27. 在 Excel 2010 中，填充等比序列时，需要使用________进行操作。
A. 填充对话框　B. 序列对话框　C. 选项对话框　D. 自定义序列对话框
28. 在 Excel 2010 工作表的 B1 单元格中输入“2”，B2 单元格中输入“4”，然后选中单元格区域 B1：B2，向下拖动填充柄，默认得到填充序列是________。
A. 等差序列　B. 等比序列　C. 日期序列　D. 数字序列
29. Excel 2010 的填充功能不能实现________操作。
A. 填充等差数列　B. 填充等比数列
C. 复制数据或公式到相邻单元格中　D. 复制数据或公式到不相邻单元格中
30. 在 Excel 2010 中，在单元格 F12 中输入数值“2013”后，选定该单元格并按住【Ctrl】键沿________方向拖动填充柄，则被拖动覆盖过的单元格区域被填入按 1 递减的数据序列。
A. 上　B. 下　C. 右　D. 都不是
31. 在 Excel 2010 中，单元格 C1 中为“星期一”，向下拖动填充柄到 C3，则 C3 中的内容是________。
A. 星期一　B. 星期二　C. 星期三　D. #REF
32. 工作表的 A2 单元格中有数据“88”，若要在 B2 到 F2 中都输入数据“88”，则下列操作中最便捷的方法为________。
A. 从 B2 到 F2 逐个输入数据“88”
B. 选中单元格 A2 后，单击“复制”按钮，然后从 B2 到 F2 逐个“粘贴”
C. 选中 B2 到 F2 的所有单元格，然后逐个地输入数据“88”
D. 选中单元格 A2 后，将鼠标移到填充柄上拖动它向右直到 F2，然后松开鼠标
33. 在 Excel 2010 中，工作表的数据既可以手动录入获取，也可以直接获取外部数据，数据的来源不包括________。
A. 自 Access　B. 自网站　C. 自图片　D. 自文本
34. 在 Excel 2010 中，当向单元格中输入公式时，输入的第一个符号应该是________。
A. ~　B. ≈　C. ∝　D. =
35. 在 Excel 2010 的默认情况下，在单元格中输入公式并确定后，单元格中显示________。
A. ?　B. 计算结果　C. 公式内容　D. TRUE
36. 在 Excel 2010 中，运算符“^、/、*、%”中具有最高优先级的是________。
A. ^　B. *　C. /　D. %
37. 在 Excel 2010 中，工作簿默认的计算方式为________。
A. 自动重算　B. 手动重算
C. 除模拟运算表外，自动重算　D. 迭代计算
38. 若某个单元格中的公式为“=IF（29<8，1，0）”，其计算结果为________。
A. TRUE　B. FALSE　C. 1　D. 0
39. 在某单元格中输入：="计算机"&"科学"，按【Enter】键后，则单元格显示

为________。

A. 计算机 & 科学　　　　　　　　　　B. "计算机" & "科学"

C. 计算机科学　　　　　　　　　　　D. 计算机 科学

40. 在 Excel 2010 中，Count 函数用于计算所选单元格区域中________。

A. 数值的和　　　　　　　　　　　　B. 有数值的单元格个数

C. 单元格个数　　　　　　　　　　　D. 有文本的单元格个数

41. 在 Excel 2010 工作表中，= AVERAGE（A4：D16）表示求单元格区域 A4：D16 的________。

A. 和　　　　B. 平均值　　　　C. 最大值　　　　D. 最小值

42. 在 Excel 2010 中，当单元格显示为"# DIV/0!"或"# VALUE!"时，它表示________。

A. 格式错误　　　　B. 公式错误　　　　C. 列宽不够　　　　D. 行高不够

43. 在 Excel 2010 中，若单元格中显示出错误信息"#NUM!"，则它表示该单元格内的________。

A. 在公式中引用了错误的参数　　　　B. 公式的结果产生溢出

C. 在公式中包含了无效的数值　　　　D. 使用了错误的名称

44. 在 Excel 2010 中，若单元格中显示出错误信息"#VALUE"，则它表示该单元格内的________。

A. 公式的结果产生溢出

B. 公式中的参数或操作数出现类型错误

C. 公式中使用了无效的名字

D. 公式引用了一个无效的单元格数据

45. 在 Excel 2010 中，将 H2 单元格中的公式" = C $ 2 * $ D2"复制到 H3 单元格，则 H3 单元格中的公式为________。

A. = D $ 2 * $ D3　　　　　　　　　B. = C $ 2 * $ D3

C. = C $ 2 * $ D2　　　　　　　　　D. = E $ 2 * $ E3

46. 在 Excel 2010 中，"B1：C2"表示的单元格区域是________。

A. B1、C2　　　　B. B1、C1、C2　　　　C. B1、B2、C2　　　　D. B1、B2、C1、C2

47. 在公式中输入" = MYMBl * EMYM1"是________引用。

A. 相对　　　　B. 绝对　　　　C. 混合　　　　D. 任意

48. 在 Excel 2010 中，某个单元格的内容为" = MYMFMYM2"，则它属于________引用。

A. 绝对　　　　　　　　　　　　　　B. 相对

C. 列相对行绝对的混合　　　　　　　D. 列绝对行相对的混合

49. 在 Excel 2010 中，输入公式进行数据比较时需要使用________。

A. 文本运算符　　　　B. 数学运算符　　　　C. 比较运算符　　　　D. 引用运算符

50. 在 Excel 2010 中，函数________用于计算所选定单元格区域内数值的最大值。

A. SUM（ ）　　　　B. COUNT（ ）　　　　C. MIN（ ）　　　　D. MAX（ ）

51. 在 Excel 2010 中，将 D4 内的公式" = SUM（D1：D3）"复制到 E4 单元格，则单元

格 E4 中的内容是________。

A. =SUM（D1：D3）　　B. =SUM（E1：E3）

C. SUM（E1：E3）　　D. SUM（D1：D3）

52. 工作表中 C2 单元格的值为“98765.4”，执行了某个操作以后，C2 单元格中显示为一串“#”，这说明该单元格________。

A. 因操作有误，数据已丢失

B. 公式有误，无法正常计算

C. 数据格式与类型不匹配，无法正确显示

D. 列的显示宽度不够，调整列宽即可正常显示

53. 在 Excel 2010 中，当选定第 2、第 3、第 4 三行，执行“插入工作表行”命令后，则插入了________。

A. 1 行　　B. 2 行　　C. 3 行　　D. 6 行

54. 在 Excel 2010 工作表中，删除工作表中的某一行时，要选定整行，再________。

A. 按【Delete】键

B. 从单击右键弹出的快捷菜单中选择“隐藏”命令

C. 按【Backspace】键

D. 从单击右键弹出的快捷菜单中选择“删除”命令

55. 在 Excel 2010 中，若要设置单元格的内容能够“自动换行”，则在“开始”选项卡________功能组中单击“自动换行”按钮。

A. 字体　　B. 对齐方式　　C. 数字　　D. 单元格

56. 在 Excel 2010 中，当需要选定不相邻的单元格和单元格区域时，可以按住________键用鼠标选择相应的单元格或单元格区域。

A. 【Alt】　　B. 【Ctrl】　　C. 【Shift】　　D. 【Esc】

57. 利用“开始”选项卡中“编辑”功能组的“清除”按钮，不能完成的操作是________。

A. 删除单元格中的内容　　B. 删除单元格

C. 清除单元格中数据的格式　　D. 清除单元格中的批注

58. 在 Excel 2010 中，通常需要设置标题位于表格的中央，可单击“开始”选项卡中“对齐方式”功能组的________按钮。

A. 居中　　B. 垂直居中　　C. 方向　　D. 合并后居中

59. 在 Excel 2010 中，条件格式提供了更多直观显示数据的方式，其中不包括________。

A. 数据条　　B. 色阶　　C. 图标集　　D. 图案

60. 以下关于“选择性粘贴”命令的使用，不正确的说法是________。

A. 利用“选择性粘贴”既可以粘贴全部，也可以选择性地粘贴值、公式、格式和批注等

B. “粘贴”命令与“选择性粘贴”命令中的“数值”选项功能相同

C. “粘贴”命令和“选择性粘贴”命令之前的“复制”或“剪切”操作的操作方法完全相同

D. 借助“选择性粘贴”命令可将一个工作表中的选定区域进行行、列数据位置的转置

61. 在 Excel 2010 中，利用“移动或复制工作表”对话框中的________选项可以实现工作表的复制。

A. 复制　B. 移到最后　C. 建立副本　D. 不用选择

62. 在 Excel 2010 中，用鼠标左键单击某个工作表的标签，标签反相显示，则该工作表称为________。

A. 显示工作表　B. 编辑工作表　C. 活动工作表　D. 副工作表

63. 双击某一工作表标签，可以对工作表名称进行________操作。

A. 计算　B. 改变大小　C. 隐藏　D. 重命名

64. 在 Excel 2010 中，用鼠标拖动工作表的标签，可实现对该工作表的________操作。

A. 复制　B. 移动　C. 改名　D. 删除

65. 在 Excel 2010 中，移动鼠标指向需要复制的工作表标签，再按下________键并拖动鼠标到旁边的位置，可完成此工作表的复制。

A. 【Shift】　B. 【Ctrl】　C. 【Alt】　D. 【Ctrl】+【C】

66. 在 Excel 2010 中，冻结窗格的操作不包括________。

A. 冻结拆分窗格　B. 冻结斜线表头　C. 冻结首行　D. 冻结首列

67. 在 Excel 2010 中，对数据清单排序时，可选择的排序依据不包括________。

A. 数值　B. 单元格颜色　C. 字体颜色　D. 字号

68. 在 Excel 2010 中，对数据清单排序时，可选择的次序不包括________。

A. 升序　B. 降序　C. 自定义序列　D. 随机次序

69. 在 Excel 2010 中，对排序的叙述不正确的是________。

A. 排序的方式既可以是按列排序，也可以是按行排序

B. 排序的方式既可以按字母排序，也可以按笔画排序

C. 如果只按一个关键字排序，可直接使用“数据”选项卡中“排序和筛选”功能组的“A↓Z”或“Z↓A”按钮

D. 当使用“A↓Z”或“Z↓A”按钮排序，只改变排序列的次序，其他列的数据不同步改变

70. 在 Excel 2010 的排序操作中，设置两个条件的目的是________。

A. 记录的排序需满足这两个条件之一

B. 记录的排序顺序必须同时满足这两个条件

C. 先确定两列排序条件的逻辑关系，再对数据表进行排序

D. 第一条件完全相同的记录将以第二条件确定记录的排列顺序

71. 在 Excel 2010 中，使用筛选功能可以________。

A. 只显示数据清单中符合指定条件的记录

B. 删除数据清单中符合指定条件的记录

C. 只显示数据清单中不符合指定条件的记录

D. 隐藏数据清单中符合指定条件的记录

72. 在高级筛选的对话框中，如果选择“在原有区域显示筛选结果”的方式，则需要设置________。

A. 列表区域和复制到　B. 条件区域和复制到

C. 列表区域和条件区域　　D. 列表区域、条件区域和复制到

73. 在 Excel 2010 中，单击“数据”选项卡“排序和筛选”功能组中的“筛选”按钮后，数据清单中各列标志单元格中会________。

A. 被选中

B. 出现下拉按钮

C. 虚线框

D. 出现下拉按钮，并且下拉箭头变为蓝色

74. 在 Excel 2010 的数据清单中，按某一字段进行分类，并对每一类别进行统计的操作是________。

A. 筛选　　B. 分类排序　　C. 分类汇总　　D. 分类筛选

75. 在 Excel 2010 中，在对工作表数据进行分类汇总之前，必须先对分类字段完成的操作是________。

A. 排序　　B. 筛选　　C. 合并计算　　D. 筛选后排序

76. 分类汇总是指对数据库的某一个字段，即工作表的________进行分类小计，然后合计。

A. 某一行　　B. 某一列　　C. 某一单元格　　D. 某一页

77. 在 Excel 2010 中，在工作表中建立数据清单时应注意________。

A. 避免在一张工作表中建立多个数据清单，最好一张工作表中只建立一张数据清单

B. 同一列的数据类型应一致

C. 不要在数据清单中放置空白行或列

D. 以上三项

78. 在 Excel 2010 中，下列图表元素中不能通过“图表工具—布局”选项卡中的“标签”功能组进行设置的是________。

A. 主要横坐标轴标题　　B. 主要纵坐标轴标题

C. 坐标轴　　D. 图表标题

79. 在 Excel 2010 中，利用工作表数据建立图表时，对数据区域的引用方式为________。

A. 相对引用　　B. 绝对引用　　C. 混合引用　　D. 任意引用

80. 在 Excel 2010 中，下列关于图表的说法中正确的是________。

A. 可以将图表插入某个单元格中

B. 图表可以插入到一张新的工作表中

C. 插入的图表不能在工作表中任意移动

D. 不能在工作表中嵌入图表

81. 在 Excel 2010 中可创建各种类型的图表，当需要分析某一组数据中各个数据点与整体的关系及比例时，采用________图表类型比较适宜。

A. 环形图　　B. 折线图　　C. 面积图　　D. 饼图

82. 在 Excel 2010 中，既有工作表又有图表时，单击快速访问工具栏的“保存”按钮，则________。

A. 只保存工作表

B. 只保存图表

C. 将工作表和图表作为一个文件来保存

D. 分成两个文件来保存

83. 在 Excel 2010 中，有关嵌入式图表，下面表述中错误的是________。

A. 对生成的图表进行编辑时，首先要选定图表

B. 图表一旦创建就不能更改图表类型，如：三维变二维

C. 表格数据修改后，图表中的数据也随之变化

D. 图表创建后仍可以向图表中添加新的数据

84. 在 Excel 2010 中，选定数据区域后，按组合键【Alt】+【F1】后，默认创建的嵌入图表是________。

A. 簇状柱形图　　B. 簇状条形图　　C. 三维圆柱图　　D. 折线图

85. 在 Excel 2010 中，下列关于图表数据的说法中正确的是________。

A. 图表中数据是不能改动的　　B. 要改动图表中的数据，必须重新建立图表

C. 图表中数据是可以改动的　　D. 改动图表中的数据是有条件的

86. 在 Excel 2010 中，如果在“页面设置”对话框的“工作表”选项卡中设置了打印“顶端标题行”，则打印时________。

A. 不打印标题行　　B. 只在第一页顶端打印标题行

C. 在每一页顶端打印标题行　　D. 在每一页左端打印标题列

第5章　习　　题

1. 网卡实现的主要功能是________。

A. 物理层与网络层的功能　　B. 网络层与应用层的功能

C. 物理层与数据链路层的功能　　D. 网络层与表示层的功能

2. 计算机网络建立的主要目的是实现计算机资源的共享。计算机资源主要是指计算机________。

A. 软件与数据库　　B. 服务器、工作站与软件

C. 硬件、软件与数据　　D. 通信子网与资源子网

3. 应用层 DNS 协议主要是用于实现网络服务功能________。

A. 网络设备名字到 IP 地址的映射　　B. 网络硬件地址到 IP 地址的映射

C. 进程地址到 IP 地址的映射　　D. 用户名到进程地址的映射

4. 在互联网电子邮件系统中，电子邮件应用程序________。

A. 发送邮件和接收邮件通常都使用 SMTP 协议

B. 发送邮件通常使用 SMTP 协议，而接收邮件通常使用 POP3 协议

C. 发送邮件通常使用 POP3 协议，而接收邮件通常使用 SMTP 协议

D. 发送邮件和接收邮件通常都使用 POP3 协议

5. 关于远程登录，以下说法不正确的是________。

A. 远程登录定义的网络虚拟终端提供了一种标准的键盘定义，可以用来屏蔽不同计算机系统对键盘输入的差异性

B. 远程登录利用传输层的 TCP 协议进行数据传输

C. 利用远程登录提供的服务，用户可以使自己的计算机暂时成为远程计算机的一个仿真终端

D. 为了执行远程登录服务器上的应用程序，远程登录的客户端和服务器端要使用相同类型的操作系统

6. 如果没有特殊声明，匿名 FTP 服务登录账号为________。

A. user　　B. anonymous

C. guest　　D. 用户自己的电子邮件地址

7. 下列不是 LAN 的主要特性的是________。

A. 运行在一个宽广的地域范围　　B. 提供多用户高宽带介质访问

C. 提供本地服务的全部时间连接　　D. 连接物理上接近的设备

8. 局域网不提供________服务。

A. 资源共享　　B. 设备共享

C. 多媒体通信　　D. 分布式计算

9. 双绞线有两条相互绝缘的导线绞和而成，下列关于双绞线的叙述中不正确的是________。

A. 它既可以传输模拟信号，也可以传输数字信号

B. 安装方便，价格较低

C. 不易受外部干扰，误码率较低

D. 通常只用作建筑物内局域网的通信介质

10. 从介质访问控制方法的角度，局域网可分为两类，即共享局域网与________。

A. 交换局域网　　B. 高速局域网　　C. ATM 网　　D. 虚拟局域网

11. 以________将网络划分为广域网（WAN）、城域网（MAN）和局域网（LAN）。

A. 接入的计算机多少　　B. 接入的计算机类型

C. 拓扑类型　　D. 地理范围

12. 计算机网络按规模来划分，可以分为________。

A. 外网和内网　　B. 局域网、城域网和广域网

C. 高速网和低速网　　D. 点对点传输网络和广播式传播网络

13. 计算机网络按拓扑结构分类可分成________。

A. 星型网　　B. 并联型网　　C. 串联型网　　D. 标准型网

14. 典型的局域网可以看成由以下三部分组成：网络服务器、工作站与________。

A. IP 地址　　B. 通信设备　　C. TCP/IP 协议　　D . 网卡

15. TCP/IP 是________。

A. 网络名　　B. 网络协议　　C. 网络系统　　D. 网络应用

16. 用户在利用客户端邮件应用程序从邮件服务器接收邮件时通常使用的协议是________。

A. FTP　　B. POP3　　C. HTTP　　D. SMTP

17. 局域网的典型特性是________。

A. 高数据速率、大范围、高误码率　　B. 高数据速率、小范围、低误码率

C. 低数据速率、小范围、低误码率　　D. 低数据速率、小范围、高误码率

18. 根据覆盖范围大小，计算机网络可以分成局域网、城域网和________三类。

A. 广域网　　B. 电路交换网　　C. 资源子网　　D. 通信子网

19. 下面叙述中是正确的是________。

A. Internet 中的一台主机只能有一个 IP 地址

B. 一个合法的 IP 地址在一个时刻只能分配给一台主机

C. Internet 中的一台主机只能有一个主机名

D. IP 地址与主机名是一一对应的

20. 下面有效的 IP 地址是________。

A. 202. 280. 130. 45　　B. 130. 192. 290. 45

C. 192. 202. 130. 45　　D. 280. 192. 33. 45

21. 如果 IP 地址为 202. 130. 191. 33，子网掩码为 255. 255. 255. 0，那么网络地址是________。

A. 202. 130. 0. 0　　B. 202. 0. 0. 0

C. 202. 130. 191. 33　　D. 202. 130. 191. 0

22. 决定局域网特性的主要技术要素是网络拓扑、传输介质和________。

A. 数据库软件　　B. 服务器软件

C. 体系结构　　D. 介质访问控制方法

23. 在计算机网络中，一方面连接局域网中的计算机，另一方面连接局域网中的传输介质的部件是________。

A. 双绞线　　B. 网卡　　C. 终结器　　D. 路由器

24. 在下列传输介质中，________错误率最低。

A. 同轴电缆　　B. 光缆　　C. 微波　　D. 双绞线

25. 下列描述中，比较恰当且符合 Internet 比较恰当的定义的是________。

A. 一个协议　　B. 一个由许多个网络组成的网络

C. OSI 模型的下三层　　D. 一种目网络结构

26. IPv4 地址由________位二进制数值组成。

A. 16 位　　B. 8 位　　C. 32 位　　D. 64 位

27. 对于 IP 地址为 202. 93. 120. 6 的主机来说，其网络号为________。

A. 202. 93. 120　　B. 202. 93. 120. 6

C. 202. 93. 120. 0　　D. 6

28. 我国与 Internet 互连的全国范围内的公用计算机网络已经有多个，其中 CERNET 是________的简称。

A. 中国科技网　　B. 中国联通互联网

C. 中国移动互联网　　D. 中国教育和科研计算机网

29. 为了能在互联网上进行正确的通信，每个网站和每台主机都分配了一个唯一的地址，该地址由纯数字组成并用小数点分隔，称为________。

A. WWW 服务器地址　　B. TCP 地址

C. WWW 客户机地址　　D. IP 地址

30. 中国教育部提供的中国教育和科研计算机网是________。

A. CERNET　　B. CHINAGBN　　C. CHINANET　　D. CSTNET

31. 以下 URL 中，写法正确的是________。

A. http：//www. mcp. com \ que \ que. html　　B. http//www. mcp. com \ que \ que. html

C. http：//www. mcp. com/que/que. html　　D. http//www. mcp. com/que/que. html

32. 通过计算机网络收发电子邮件时，不需要做的工作是________。

A. 如果是发邮件，需要知道接收者的 E - mail 地址

B. 拥有自己的电子邮箱

C. 将本地计算机与 Internet 网连接

D. 启动 Telnet 远程登录到对方主机

33. 电子邮件到达时，收件人的电脑没有开机，那么该电子邮件将________。

A. 永远不再发送　　B. 保存在服务商 ISP 的主机上

C. 退回给发件人　　D. 需要对方再重新发送

34. 使用 Internet Explorer 浏览器保存 Web 网页信息时，通过 Internet Explorer 浏览器________。

A. 只能保存图片信息　　B. 只能保存 Web 页信息

C. 只能保存目标超链接信息　　D. 以上 3 种都能保存

35. 域名 www. gxuwz. edu. cn 表明它对应的主机属于________。

A. 教育机构　　B. 政府部门　　C. 工商部门　　D. 网络机构

36. Internet 提供了许多服务项目，最常见的是在各网站之间漫游、浏览文本、图形和声音等各种信息，这项服务称为________。

A. 电子邮件　　B. 万维网（WWW）　C. 文件传输　　D. 网络新闻组

37. 随着 ARPANET 网的投入运行，计算机网络的通信方式发展为________之间的直接通信。

A. 终端与计算机　　B. 计算机与计算机

C. 终端与终端　　D. 前端机与计算机

38. 用户能收发电子邮件，必须保证________。

A. 专线方式连接 Internet　　B. 自己的计算机上安装电子邮件软件

C. 仿真终端方式连接到 Internet　　D. 一个合法且唯一的电子邮件地址

39. 调制解调器用于完成计算机数字信号与________之间的转换。

A. 电话线上的音频信号　　B. 同轴电缆上的音频信号

C. 同轴电缆上的数字信号　　D. 电话线上的数字信号

40. 所谓互联网，指的是________。

A. 同种类型的网络及其产品相互连接起来

B. 同种或异种类型的网络及其产品相互连接起来

C. 大型主机与远程终端相互连接起来

D. 若干台大型主机相互连接起来

41. 一个用户想使用电子信函（电子邮件）功能，应当________。

A. 向附近的一个邮局申请，办理并建立一个自己专用的信箱

B. 把自己的计算机通过网络与附近的一个邮局连起来

C. 通过电话得到一个电子邮局的服务支持

D. 使自己的计算机通过网络得到网上一个 E - mail 服务器的服务支持

42. 下列关于信息高速公路的叙述中，错误的是________。

A. 高速网络技术是信息高速公路的核心技术之一

B. 信息高速公路是美国国家信息基础设施建设的核心

C. 互联网即信息高速公路

D. 我国的公用分组网不是信息高速公路

43. 计算机信息安全技术分为两个层次，其中的第一层次为________。

A. 计算机系统安全　　B. 计算机数据安全

C. 计算机物理安全　　D. 计算机网络安全

44. 电脑病毒是________。

A. 人为编制的具有破坏性的一段程序代码

B. 由于使用电脑方法不当而产生的软硬件故障

C. 由于电脑内数据存放不当而产生的软硬件故障

D. 电脑自身产生的软硬件故障

45. 电脑病毒传播速度最快的途径是通过________传播。

A. 硬盘　　B. U 盘　　C. 光盘　　D. 网络

46. 下列四项内容中，不属于 Internet（互联网）的基本功能的是________。

A. 电子邮件　　B. 文件传输　　C. 远程登录　　D. 实时监测控制

47. 文件传输和远程登录都是互联网上的主要功能之一，它们都需要双方计算机之间建立通信联系，两者的区别是________。

A. 文件传输只能传输计算机上已存在的文件，远程登录则还可以直接在登录的主机上进行建目录、建文件、删文件等其他操作

B. 文件传输只能传递文件，远程登录则不能传递文件

C. 文件传输不必经过对方计算机的验证许可，远程登录则必须经过对方计算机的验证许可

D. 文件传输只能传输字符文件，不能传输图像、声音文件，而远程登录则可以

48. 下列传输介质中，抗干扰能力最强的是________。

A. 微波　　B. 同轴电缆　　C. 光纤　　D. 双绞线

49. 按照 TCP/IP 协议，接入 Internet 的每一台计算机都有一个唯一的地址标识，这个地址标识为________。

A. IP 地址　　B. 网络地址　　C. 主机地址　　D. 端口地址

50. ________是网络的心脏，它提供了网络最基本的核心功能，如网络文件系统、存储器的管理和调度等。

A. 服务器　　B. 工作站　　C. 服务器操作系统　　D. 通信协议

51. 目前网络传输介质中传输速率最高的是________。

A. 双绞线　　B. 光缆　　C. 同轴电缆　　D. 电话线

52. 下面的 IP 地址中属于 B 类地址的是________。

A. 10.10.10.1　　B. 191.168.0.1　　C. 192.168.0.1　　D. 202.113.0.1

53. 关于 WWW 服务，以下说法错误的是________。

A. WWW 服务采用的主要传输协议是 HTTP

B. WWW 服务以超文本方式组织网络多媒体信息
C. 用户访问 Web 服务器可以使用统一的图形用户界面
D. 用户访问 Web 服务器不需要知道服务器的 URL 地址
54. 浏览 Web 网站必须使用浏览器，目前常用的浏览器是________。
A. Hotmail　B. Outlook Express　C. Inter Exchange　D. Internet Explorer
55. 在计算机网络中，通常把提供并管理共享资源的计算机称为________。
A. 工作站　B. 服务器　C. 网关　D. 网桥
56. 万维网 WWW 是________的缩写。
A. World Wide Web　B. Wide World Web
C. Web World Wide　D. Web Wide World
57. Internet 在计算机网络分类中属于________。
A. 局域网　B. 城域网　C. 广域网　D. 对等网
58. 下列说法中，正确的是________。
A. 在常规设置中，不能修改 Internet Explorer 浏览器的默认主页
B. 在常规设置中，不能修改保存在历史记录中的天数
C. 在常规选项中，可以设置 Internet Explorer 的安全级数
D. 在常规选项中，既可改变历史记录保存的天数，也可清除历史记录
59. 以下 IP 地址中，属于 B 类地址的是________。
A. 3. 3. 57. 0　B. 193. 1. 1. 2
C. 131. 107. 2. 89　D. 200. 1. 1. 4
60. 某台计算机的 IP 地址为 199. 98. 97. 01，则该地址属于________。
A. A 类地址　B. B 类地址　C. C 类地址　D. D 类地址
61. 下列属于计算机网络所特有的设备是________。
A. 显示器　B. 服务器　C. 不间断电源　D. 鼠标器
62. 在配置一个电子邮件客户程序时，需要配置________。
A. SMTP 以便可以发送邮件，POP 以便可以接收邮件
B. POP 以便可以发送邮件，SMTP 以便可以接收邮件
C. SMTP 以便可以发送接收邮件
D. POP 以便可以发送和接收邮件
63. 能覆盖 50 千米左右的地区，传输速率比较快，符合该特征的网络所属的类型是________。
A. 广域网　B. 城域网　C. 公用网　D. 局域网
64. 广域网和局域网是按照________来分的。
A. 网络使用者　B. 信息交换方式　C. 网络连接距离　D. 传输控制规程
65. 局域网由________统一指挥，提供文件、打印、通信和数据库等服务功能。
A. 服务器　B. 通信协议　C. 网络操作系统　D. Windows 7
66. 计算机网络最突出的优点是________。
A. 共享软、硬件资源　B. 运算速度快
C. 可以互相通信　D. 内存容量大

67. 计算机网络拓扑结构主要有________、环形、总线型和树型等。

A. T 型　B. 星型　C. 链型　D. 关系型

68. 下列不属于网络技术发展趋势的是________。

A. 速度越来越高

B. 从资源共享网到面向中断的网发展

C. 各种通信控制规程逐渐符合国际标准

D. 从单一的数据通信网向综合业务数字通信网发展

69. 网络服务器是指________。

A. 具有通信功能的高档计算机

B. 为网络提供资源，并对这些资源进行管理的计算机

C. 带有大容量硬盘的计算机

D. 64 位以上总线结构的高档计算机

70. 下列结构中不是计算机网络拓扑结构的是________。

A. 星型结构　B. 总线结构　C. 单线结构　D. 环形结构

71. 对一座大楼内各室中的微型计算机进行联网，则这个网络属于________。

A. LAN　B. WAN　C. MAN　D. GAN

72. 一台主机的 IP 地址为 202. 113. 224. 68，子网屏蔽码为 255. 255. 255. 0，那么这台主机的主机号为________。

A. 4　B. 6　C. 8　D. 68

73. “HTTP”的中文意思是________。

A. 超文本传输协议　B. 文件传输协议　C. 电子公告牌　D. 布尔逻辑搜索

74. 当电子邮件在发送过程中有误时，则________。

A. 电子邮件将自动把有误的邮件删除

B. 邮件将丢失

C. 电子邮件会将原邮件退回，并给出不能寄达的原因

D. 电子邮件会将原邮件退回，但不给出不能寄达的原因

75. 收到一封邮件，再把它寄给别人，一般可以用________。

A. 回复　B. 转寄　C. 编辑　D. 发送

76. 如果 sam. exe 文件存储在一个名为“ok. edu. cn”的 ftp 服务器上，那么下载该文件使用的 URL 为________。

A. http：//ok. edu. cn/sam. exe　B. ftp：//ok. edu. cn/sam. exe

C. rtsp：//ok. edu. cn/sam. exe　D. mns：//ok. edu. cn/sam. exe

77. WWW 客户与 WWW 服务器之间的信息传输使用的协议为________。

A. HTML　B. HTTP　C. SMTP　D. IMAP

78. 连接到 WWW 页面的协议是________。

A. HTML　B. HTTP　C. SMTP　D. DNS

79. 为了防止新型病毒对计算机系统造成危害，应对已安装的防病毒软件进行及时________。

A. 升级　B. 分析　C. 检查　D. 启动

80. 计算机网络拓扑通过网络中结点与通信线路之间的几何关系来表示________。
A. 网络层次　B. 协议关系　C. 体系结构　D. 网络结构
81. 一个网络协议主要由以下三个要素组成：语法、语议与时序。其中语法规定的信息结构与格式为________。
Ⅰ. 用户数据
Ⅱ. 服务原语
Ⅲ. 控制信息
Ⅳ. 应用程序
A. Ⅰ和Ⅱ　B. Ⅰ和Ⅲ　C. Ⅰ、Ⅱ和Ⅳ　D. Ⅱ和Ⅳ
82. IP 地址由________个字节组成。
A. 10　B. 8　C. 6　D. 4
83. 根据组织模式划分互联网，军事部门域名为________。
A. Com　C. Int　B. Edu　D. Mil
84. 域名 www. east. net 表明该网站属于________。
A. 教育界　B. 工商界　C. 政府机构　D. 网络机构
85. 超文本与一般文档的最大区别是它有________。
A. 声音　B. 图像　C. 链接　D. 都不是
86. 在 IE 浏览器中要保存一网址须使用________功能。
A. 历史　B. 搜索　C. 收藏　D. 转移
87. 下列 E - mail 地址合法的是________。
A. shjkbk@ online. sh. cn　B. shjkbk. online. sh. cn
C. online. sh. cn@ shjkbk　D. sh. cn. online. @ shjkbk
88. 计算机网络构成可分为________、网络软件、网络拓扑结构和传输控制协议。
A. 体系结构　B. 传输介质　C. 通信设备　D. 网络硬件
89. 在下列各项中，属于常见局域网拓扑结构的是________。
A. 分散式结构　B. 树形结构　C. 分布式结构　D. 全互连结构
90. 关于 IP 地址 192. 168. 0. 0 ~ 192. 168. 255. 255 的正确说法是________。
A. 它们是标准的 IP 地址，可以从 Internet 的负责组织机构中申请分配使用
B. 它们已经被保留在 Internet 的负责组织机构内部使用，不能够对外分配使用
C. 它们已经留在美国使用
D. 它们可以被任何企业用于企业内部网，但是不能够用于 Internet
91. 连接 Internet 需一些专门的硬件设备，比如________，通过它能实现数字信号与模拟信号之间的转换。
A. 网卡　B. 交换机　C. 路由器　D. 调制解调器
92. 电子公告板的缩写是________，它提供一块公共电子白板，每个用户可在上面书写、发布信息或提出看法。
A. BBS　B. Gopher　C. WWW　D. FTP
93. 一个计算机网络由________组成。
A. 传输介质和通信设备　B. 通信子网和资源子网

C. 用户计算机终端　　D. 主机和通信处理机

94. 构成计算机网络的要素主要有通信主体、通信设备和通信协议，其中通信主体指的是________。

A. 交换机　　B. 双绞线　　C. 计算机　　D. 网卡

95. 下面关于密码的设置，不够安全的是________。

A. 建议经常更新密码

B. 密码最好是数字、大小写字母、特殊符号的组合

C. 密码的长度最好不要少于6位

D. 为了方便记忆，使用自己或家人的名字、电话号码

96. 以下选项中，________不是有效的IP地址。

A. 16. 126. 23. 4　　B. 204. 12. 0. 10

C. 60. 273. 12. 15　　D. 11. 5. 56. 39

97. 域名与IP地址通过________服务器进行转换。

A. E - mail　　B. WWW　　C. DNS　　D. FTP

98. 设置IE浏览器的主页，可以在________中进行。

A. "Internet 选项" 对话框中，"连接" 选项卡下的 "地址" 文本框

B. "Internet 选项" 对话框中，"内容" 选项卡下的 "地址" 文本框

C. "Internet 选项" 对话框中，"安全" 选项卡下的 "地址" 文本框

D. "Internet 选项" 对话框中，"常规" 选项卡下的 "地址" 文本框

99. 下列对网络的陈述中，最真实的是________。

A. 对应于系统上的每一个网络接口都有一个IP地址

B. IP地址中有16位描述网络

C. 位于美国的NIC提供具唯一性的32位IP地址

D. 以上陈述都正确

100. 有关网络描述正确的是________。

A. 目前双绞线可以使用的距离最远，所以经常使用

B. 目前双绞线价格低，所以经常使用

C. 总线使用令牌，环和星型使用CSMA/CD

D. 总线使用令牌，环和星型不使用CSMA/CD

第6章 习　题

1. 以下软件________不是数据库管理系统。

A. VB　　B. Access　　C. Sybase　　D. Oracle

2. 在创建数据库之前，应该________。

A. 使用设计视图设计表　　B. 使用表向导设计表

C. 思考如何组织数据库　　D. 给数据库添加字段

3. 表是由________组成的。

A. 字段和记录　　B. 查询和字段　　C. 记录和窗体　　D. 报表和字段

4. 创建子数据表通常需要两个表之间具有________关系。

A. 没有　　B. 随意　　C. 一对多或一对一　　D. 多对多

5. 可用来存储图片的字段对象是________类型字段。

A. OLE　　B. 备注　　C. 超级链接　　D. 查阅向导

6. 从表中抽取选中信息的对象类型是________。

A. 模块　　B. 报表　　C. 查询　　D. 窗体

7. 完整的交叉表查询必须选择________。

A. 行标题、列标题和值　　B. 只选行标题即可

C. 只选列标题即可　　D. 只选值

8. 我们通常在________视图中，改变窗体的外观和控件的属性。

A. 数据表　　B. 设计　　C. 窗体　　D. 控件

9. ________是连接用户和表之间的纽带，以交互窗口方式表达表中的数据。

A. 窗体　　B. 报表　　C. 查询　　D. 宏

10. ________是一个或多个操作的集合，每个操作实现特定的功能。

A. 窗体　　B. 报表　　C. 查询　　D. 宏

11. 在报表设计中，页号应该出现在________部分。

A. 报表页眉　　B. 页面页眉　　C. 报表页脚　　D. 页面页脚

12. 学生和课程之间是典型的________关系。

A. 一对一　　B. 一对多　　C. 多对一　　D. 多对多

13. 在 Access 数据库中，查询结果将以________的形式显示出来。

A. 工作表　　B. 数据表　　C. 基本表　　D. 复合表

14. 用于记录基本数据的是________。

A. 表　　B. 查询　　C. 窗体　　D. 宏

15. 输入掩码通过________减少输入数据时的错误。

A. 限制可输入的字符数

B. 仅接受某种类型的数据

C. 在每次输入时，自动填充某些数据

D. 以上全部

16. 在计算机内按一定的结构和规则组织起来的相关数据的集合称为________。

A. 数据库　　B. 数据库系统　　C. 数据库管理系统　　D. 数据库结构

17. 在常用的数据模型中，不包括________。

A. 网络模型　　B. 关系模型　　C. 环状模型　　D. 层次模型

18. 数据处理的核心问题是________。

A. 数据输入　　B. 数据存储　　C. 数据查询　　D. 数据管理

19. Access 2010 是一种________软件。

A. 电子表格　　B. 通用应用工具软件

C. 数据库管理系统　　D. 文字处理

20. 关闭 Access 2010 应用程序有很多种方法，不正确的是________。

A. 选择 Access 2010 屏幕“文件”选项卡中的“退出”命令

B. 选择 Access 2010 控制菜单中的“关闭”命令

C. 利用快捷键【Alt】+【F4】

D. 利用快捷键【Ctrl】+【F4】

21. 基本表简称表，是数据库的核心与基础，它存放着数据库的________。

A. 部分数据　　B. 全部数据　　C. 全部对象　　D. 全部数据结构

22. 以下有关表的叙述中，正确的是________。

A. 每个表都必须有一个表名

B. 表中的关键字只能是一个字段

C. 表中的记录与实体可以以一对多的形式出现

D. 在表内可以定义一个或多个索引，以便于与其他表建立关系

23. 在 Access 2010 中，有关主键的描述，正确的是________。

A. 主键只能由一个字段组成

B. 主键的值对于每个记录必须是唯一的

C. 主键创建好后，就不能取消

D. 在输入时，主键的值可以空着

24. Access 2010 中的选择查询是最常见的查询类型，它________中检索数据，并且以在查询结果集中更新记录。

A. 仅从一个表　　B. 最多从两个表

C. 从一个或多个表　　D. 从一个或多个记录

25. 下列关于简单查询向导方式的叙述，________是正确的。

（1）在这种方式下可以创建两种查询，即明细查询和汇总查询。

（2）明细查询是一种最简单的查询，它可以显示每个记录的每个字段。

（3）汇总查询是一种特殊的查询，可以对查询的结果集进行各种统计，包括总计、平均、最小、最大等，并在结果集中显示出来。

A. （1）（2）　　B. （2）（3）　　C. （1）（2）（3）　　D. （1）（3）

26. 假定已建立一个学生成绩表，其字段如下：

字段名　字段类型

1 姓名　文本型

2 性别　文本型

3 年龄　数字型（大小：整型）

4 计算机　数字型（大小：整型）

5 英语　数字型（大小：整型）

6 总分　数字型（大小：整型）

若要求用设计视图创建一个查询，查找总分在 180 分以上（包括 180 分）的男同学的姓名、性别和总分，下列在网格中设置字段的方法错误的是________。

A. 依次把学生成绩表中的姓名、性别和总分字段拖到网格的相应“字段”单元格中

B. 依次在网格的相应“字段”单元格中键入姓名、性别和总分

C. 依次单击网格的相应“字段”单元格的右侧，再在弹出的字段列表中选择姓名、性别和总分

D. 依次把学生成绩表中所有字段拖到网格的相应“字段”单元格中，再单击姓名、性别和总分字段的“显示”单元格

27. 正确设置查询准则的方法应为________。

A. 在总分的准则单元格中键入：> =180；在性别的准则单元格中键入：男

B. 在总分的准则单元格中键入：总分 > =180；在性别的准则单元格中键入：性别 =‘男’

C. 在准则单元格中键入：总分 > =180 OR 性别 =‘男’

D. 在准则单元格中键入：总分 > =180 AND 性别 =‘男’

28. 使用“设计视图”修改报表的内容不包括________。

A. 更改控件大小和位置

B. 更改报表所用数据来源的表或查询

C. 设置和修改控件的属性值

D. 向报表工作区添加控件

29. 关系数据库是以________的形式组织和存放数据的。

A. 一维表　　B. 二维表　　C. 三维表　　D. 一个表格

30. 数据库（DB）、数据库系统（DBS）、数据库管理系统（DBMS）三者之间的关系是________。

A. DBS 包括 DB，也就是 DBMS　　B. DBMS 包括 DB 和 DBS

C. DBS 包括 DB 和 DBMS　　D. DB 包括 DBS 和 DBMS

31. 当前 DBMS 支持的数据模型的主流是________。

A. 网状模型　　B. 层次模型　　C. 关系模型　　D. 面向对象模型

32. Access 是一个________。

A. 层次型数据库　　B. 关系型数据库管理系统

C. 层次型数据库管理系统　　D. 关系型数据库

33. Access 主要功能是________。

A. 建立数据库、维护数据库和使用数据库

B. 管理数据、存储数据和打印数据

C. 进行数据库管理程序设计

D. 修改数据、查询数据和统计分析

34. 在 Access 2010 中创建一个新库，与在 Word 2010 中创建一个新文档，两者之间异同之处是________。

A. Access 2010 要先保存，后操作；Word 2010 先操作，后保存

B. Word 2010 要先保存，后操作；Access 先操作，后保存

C. Access 2010 及 Word 2010 均先保存，后操作

D. Access 2010 及 Word 2010 均先操作，后保存

35. 建立 Access 2010 数据库的首要工作是________。

A. 建立数据库的查询　　B. 建立数据库的报表

C. 建立数据库的基本表　　D. 建立基本表之间的关系

36. 建立 Access 2010 数据库时要创建一系列的对象，这些对象有：表、报表、网页、

宏、模块，此外还有________。

A. 视图、标签　　　　　　　　　　　　B. 查询、窗体

C. 查询、标签　　　　　　　　　　　　D. 视图、窗体

37. 在 Access 2010 中，实际存放记录的对象是________。

A. 窗体　　　　B. 查询　　　　C. 报表　　　　D. 基本表

38. 在 Access 2010 中，所有的对象都存放在一个文件中，该文件的扩展名是________。

A. . accdb　　　　B. . DBF　　　　C. . MDB　　　　D. . DBM

39. 在 Access 2010 中，如果一个字段中要保存长度多于 255 个字符的文本和数字的组合数据，选择________数据类型。

A. 文本　　　　B. 数字　　　　C. 备注　　　　D. 字符

40. 在 Access 2010 中，________可以从一个或多个表中删除一组记录。

A. 选择查询　　　　B. 删除查询　　　　C. 交叉表查询　　　　D. 更新查询

41. 在 Access 2010 中，________。

A. 允许在主键字段中输入 Null 值

B. 主键字段中的数据可以包含重复值

C. 只有字段数据都不重复的字段才能组合定义为主键

D. 定义多字段为主键的目的是保证主键数据的唯一性

42. 在 Access 2010 中，在数据表中删除一条记录，被删除的记录________。

A. 可以恢复到原来位置

B. 能恢复，但将被恢复为最后一条记录

C. 能恢复，但将被恢复为第一条记录

D. 不能恢复

43. 数据库管理系统（DBMS）是用来________的软件系统。

A. 建立数据库　　　　B. 保护数据库　　　　C. 管理数据库　　　　D. 以上都对

44. 在 Access 2010 自动创建的主键，是________型数据。

A. 自动编号　　　　B. 文本　　　　C. 整型　　　　D. 备注

45. 在 Access 2010 中，可以使用________命令不显示数据表中的某些字段。

A. 筛选　　　　B. 冻结　　　　C. 删除　　　　D. 隐藏

46. 在数据表视图中，当前光标位于某条记录的某个字段时，按________键，可以将光标移动到当前记录的下一个字段处。

A.【Ctrl】　　　　B.【Tab】　　　　C.【Shift】　　　　D.【Esc】

47. 下列属于操作查询的是________。

①删除查询 ②更新查询 ③交叉表查询 ④追加查询 ⑤生成表查询

A. ①②③④　　　　B. ②③④⑤　　　　C. ③④⑤①　　　　D. ④⑤①②

48. 报表中的报表页眉是用来________。

A. 显示报表中的字段名称或对记录的分组名称

B. 显示报表的标题、图形或说明性文字

C. 显示本页的汇总说明

D 显示整份报表的汇总说明

49. 数据库系统的核心是________。

A. 数据库　B. 数据库管理系统　C. 数据模型　D. 软件工具

50. 一间宿舍可住多个学生，则实体宿舍和学生之间的联系是________。

A. 一对一　B. 一对多　C. 多对一　D. 多对多

51. 以下关于空值的叙述中，错误的是________。

A. 空值表示字段还没有确定值　B. Access 使用 NULL 来表示空值

C. 空值等同于空字符串　D. 空值不等于数值 0

52. 使用表设计器定义表中字段时，不是必须设置的内容是________。

A. 字段名称　B. 数据类型　C. 说明　D. 字段属性

53. 如果想在已建立的“tSalary”表的数据表视图中直接显示出姓“李”的记录，应使用 Access 提供的________。

A. 筛选功能　B. 排序功能　C. 查询功能　D. 报表功能

54. Access 2010 数据库依赖于________ 操作系统。

A. Dos　B. Wndows　C. Unix　D. Ucdos

55. Access 2010 中表和数据库的关系是________。

A. 一个数据库可以包含多个表　B. 一个表只能包含两个数据库

C. 一个表可以包含多个数据库　D. 一个数据库只能包含一个表

56. 数据表中的“行”叫作________。

A. 字段　B. 数据　C. 记录　D. 数据视图

57. 定义字段的默认值是指________。

A. 不得使字段为空

B. 不允许字段的值超出某个范围

C. 在未输入数值之前，系统自动提供数值

D. 系统自动把小写字母转换为大写字母

58. Access 表中的数据类型不包括 ________。

A. 文本　B. 备注　C. 通用　D. 日期/时间

59. 下面选项中完全属于 Access 的数据类型有________。

A. OLE 对象、查阅向导、日期/时间型

B. 数值型、自动编号型、文字型

C. 字母型、货币型、查阅向导

D. 是/否型、OLE 对象、网络链接

60. 有关字段属性，以下叙述错误的是________。

A. 字段大小可用于设置文本、数字或自动编号等类型字段的最大容量

B. 可对任意类型的字段设置默认值属性

C. 有效性规则属性是用于限制此字段输入值的表达式

D. 不同的字段类型，其字段属性有所不同

61. 在 Access 中，将“名单表”中的“姓名”与“工资标准表”中的“姓名”建立关系，且两个表中的记录都是唯一的，则这两个表之间的关系是________。

A. 一对一　B. 一对多　C. 多对一　D. 多对多

62. 在 Access 数据库中，专用于打印的是________。

A. 表　B. 查询　C. 报表　D. 页

63. 条件中“性别 = “女” and　工资额 > =2 000”　的意思是________。

A. 性别为“女”并且工资额大于 2 000 的记录

B. 性别为“女”或者且工资额大于 2 000 的记录

C. 性别为“女”并且工资额大于等于 2 000 的记录

D. 性别为“女”或者工资额大于等于 2 000 的记录

64. 内部计算函数“Min”的意思是求所在字段内所有的值的________。

A. 和　B. 平均值　C. 最小值　D. 第一个值

65. 字段定义为“________”，其作用使字段中的每一个记录都必须是唯一的以便于索引。

A. 索引　B. 主键　C. 必填字段　D. 有效性规则

66. 关于查询的叙述正确的是________。

A. 只能根据数据表创建查询

B. 只能根据已建查询创建查询

C. 可以根据数据表和已建查询创建查询

D. 不能根据已建查询创建查询

67. Access 的查询是数据库管理中一个最基本的操作，利用查询可以通过不同的方法来________数据。

A. 更改、分析　B. 查看、更改

C. 查看、分析　D. 查看、更改以及分析

68. 在 Access 2010 数据中，某个设计好的查询，其结果是________。

A. 固定不变的　B. 随基本表而动态变化的

C. 随查询条件而动态变化的　D. 随查询方式而动态变化的

69. 以下是关系型数据库中建立表之间的关联的叙述，用来在两个表之间设置关系的字段，其中正确的是________。

A. 其字段名称、字段类型、字段内容必须相同

B. 其字段名称可以不同，但字段类型、字段内容必须相同

C. 其字段名称、字段类型可以不同，但字段内容必须相同

D. 必须都要设置为主键

70. 在数据表视图的方式下，用户可以进行许多操作，这些操作是________。

A. 更改数据表的显示方式，修改表中记录的数据，对表中的记录进行查找、排序、筛选、打印

B. 不能修改表中记录的数据

C. 只对表中的记录进行查找、排序、筛选、打印

D. 不能更改数据表的显示方式

第7章　习　　题

1. PowerPoint 2010 文件的扩展名是________。

A. . ppt　B. . pptx　C. . pptm　D. . potx

2. 演示文稿中的幻灯片________预先定义了新建幻灯片的各种占位符布局情况。

A. 视图　B. 版式　C. 母版　D. 模板

3. 下列操作中，不能退出 PowerPoint 的操作是________。

A. 单击“文件”下拉菜单中的“关闭”命令

B. 单击“文件”下拉菜单中的“退出”命令

C. 按快捷键【Alt】+【F4】

D. 双击 PowerPoint 窗口的控制菜单图标

4. 剪切幻灯片，首先要选中当前幻灯片，然后________。

A. 单击“开始”选项卡→“剪贴板”组→“剪切”

B. 右击幻灯片→“剪切”

C. 按快捷键【Ctrl】+【X】

D. 以上都正确

5. 若要使所有幻灯片有统一的背景，则应该采用的常规方法是________。

A.“设计”选项卡→“背景”组→“背景样式”选项→“设置背景格式”对话框设置，单击“全部应用”按钮

B.“设计”选项卡→“背景”组→“背景样式”选项→“设置背景格式”对话框设置，单击“应用”按钮

C.“设计”选项卡→“背景”组→“背景样式”选项→“设置背景格式”对话框设置，单击“关闭”按钮

D.“设计”选项卡→“背景”组→“背景样式”选项→“重置幻灯片背景”选项

6. 若要为所有幻灯片添加编号，则下列方法中正确的是________。

A. “插入”选项卡→“文本”组→“幻灯片编号”

B. “开始”选项卡→“文本”组→“幻灯片编号”

C. “插入”选项卡→“插图”组→“幻灯片编号”

D. “设计”选项卡→“文本”组→“幻灯片编号”

7. 在 PowerPoint 的打印对话框中不能设置的打印内容有________。

A. 打印份数　B. 选择打印机

C. 打印全部幻灯片　D. 图片

8. PowerPoint 模板文件的扩展名是________。

A. . pptx　B. . potx　C. . pps　D. . dot

9. 在幻灯片的放映过程中若要中断放映，可以直接按________键。

A. 【Alt】+【F4】　B. 【Ctrl】+【X】

C. 【Esc】　D. 【End】

10. 对于演示文稿中不准备放映的幻灯片可以用________选项卡“设置”组的“隐藏幻

灯片”命令隐藏。

A. 格式　　B. 视图　　C. 幻灯片放映　　D. 编辑

11. 要使幻灯片在放映时能够自动播放，需要为其设置________。

A. 预设动画　　B. 排练计时

C. 动作按钮　　D. 录制旁白

12. 打开一个已经存在的演示文稿的正确方法是________。

A. 切换到“插入”选项卡，选择“打开”命令，在“打开”对话框中选择需要打开的演示文稿，最后单击“打开”按钮

B. 切换到“开始”选项卡，选择“打开”命令，在“打开”对话框中选择需要打开的演示文稿，最后单击“打开”按钮

C. 切换到“设计”选项卡，选择“打开”命令，在“打开”对话框中选择需要打开的演示文稿，最后单击“打开”按钮

D. 单击“文件”菜单中的“打开”命令，在“打开”对话框中选择需要打开的演示文稿，最后单击“打开”按钮

13. 当保存演示文稿时，出现“另存为”对话框，则说明________。

A. 该文件保存时不能用该文件原来的文件名

B. 该文件不能保存

C. 该文件可以换名保存

D. 该文件已经保存过

14. 在 PowerPoint 中按功能键【F6】的功能是________。

A. 切换下一个窗格　　B. 拼写检查

C. 打印预览　　D. 样式检查

15. 在 PowerPoint 演示文稿中不能插入的对象是________。

A. 图表　　B. Excel 工作簿

C. 图片　　D. Windows 操作系统

16. 在 PowerPoint 中若需要帮助时，可以按功能键________。

A. 【F1】　　B. 【F2】　　C. 【F7】　　D. 【F8】

17. 设置幻灯片的切换方式，可以在________选项卡中的“切换到此幻灯片”组中进行。

A. 插入　　B. 开始　　C. 动画　　D. 切换

18. 幻灯片的切换方式是指________。

A. 在编辑新幻灯片时的过渡形式

B. 在编辑幻灯片时切换不同的视图

C. 在编辑幻灯片时切换不同的设计模板

D. 在幻灯片放映时两张幻灯片间的过渡形式

19. 在 PowerPoint 中，安排幻灯片对象的布局可选择________来设置。

A. 应用设计模板　　B. 幻灯片版式

C. 背景　　D. 配色方案

20. 在 PowerPoint 中，设置幻灯片中的对象的动画效果可通过执行________命令来实现。

A. “动画”选项卡中的“动画”组
B. “幻灯片放映”选项卡中的“动画”组
C. “动画”选项卡中的“预设动画”组
D. “幻灯片放映”选项卡中的“设置”组
21. 在 PowerPoint 中，若文本占位符框中的插入条光标存在，证明此时是________状态。
A. 移动 B. 文字编辑 C. 复制 D. 文字框选取
22. 在演示文稿编辑中，若要选定幻灯片中全部对象，可按快捷键________。
A. 【Shift】+【A】 B. 【Ctrl】+【A】
C. 【Shift】+【C】 D. 【Ctrl】+【C】
23. 下列不属于演示文稿常见视图模式的是________。
A. 幻灯片浏览 B. 幻灯片放映 C. 阅读视图 D. 全屏视图
24. 选定演示文稿，若要改变该演示文稿的整体外观，可以执行________命令。
A. “自动更正”命令 B. “自定义”命令
C. “应用主题” D. “版式”命令
25. 播放演示文稿时，切换到下一张幻灯片，可按________。
A. 单击鼠标左键 B. 向右光标移动键→
C. 向下光标移动键↓ D. 以上都正确
26. 幻灯片切换的换片方式有“设置自动换片时间”和“单击鼠标”时，以下叙述中正确的是________。
A. 两种方式可同时选中，但“单击鼠标”方式不起作用
B. 两种方式可以同时选择
C. 只能选择其中一种方式
D. 两种方式可同时选中，但“设置自动换片时间”方式不起作用
27. 在 PowerPoint 2010 中，________命令可以用来改变某一幻灯片的布局。
A. 背景 B. 版式
C. 幻灯片配色方案 D. 字体
28. 在 PowerPoint 中，能对个别幻灯片内容进行编辑修改的视图方式是________。
A. 普通视图 B. 幻灯片浏览视图
C. 幻灯片放映视图 D. 以上三项均不能
29. 若要在 PowerPoint 中插入图片，下列说法错误的是________。
A. 允许插入在其他图形程序中创建的图片
B. 为了将某种格式的图片插入到幻灯片中，必须安装相应的图形过滤器
C. 选择“插入”选项卡→“图像”组→“图片”选项
D. 在插入图片前，不能预览图片
30. 在 PowerPoint 中，关于在幻灯片中插入图表的说法中错误的是________。
A. 可以直接通过复制和粘贴的方式将图表插入到幻灯片中
B. 对不含图表占位符的幻灯片可以插入新图表
C. 只能通过插入包含图表的新幻灯片来插入图表

D. 单击图表占位符可以插入图表

31. 在 PowerPoint 中，下列说法正确的是________。

A. 可以设置插入的剪贴画的图片边框

B. 可以设置插入的剪贴画的图片效果

C. 可以设置插入的剪贴画的图片版式

D. 以上都正确

32. 在 PowerPoint 中，下列关于表格的说法错误的是________。

A. 可以向表格中插入新行和新列

B. 不能合并和拆分单元格

C. 可以改变列宽和行高

D. 可以给表格添加边框

33. 在 PowerPoint 的演示文稿具有普通视图、幻灯片浏览、备注页、幻灯片放映和________等多种视图。

A. 全屏 B. 阅读 C. 页面 D. 联机版式

34. 在 PowerPoint 的________下，可以用拖动方法改变幻灯片的顺序。

A. 阅读视图 B. 备注页视图

C. 幻灯片浏览视图 D. 幻灯片放映

35. 在 PowerPoint 2010 是________软件。

A. 电子文稿 B. 演示文稿

C. 文本文档 D. 文字处理

36. 在 PowerPoint 中，下列说法中错误的是________。

A. 将图片插入到幻灯片中后，用户可以对这些图片进行必要的操作

B. 图片的高度和宽度都可以修改

C. 选中图片，功能区即显示“图片工具/格式”选项卡，可对图片的样式进行修改

D. 图片的高度和宽度只能同步修改

37. 在 PowerPoint 中，下列说法中错误的是________。

A. 可以动态显示文本和对象

B. 可以更改动画对象的出现顺序

C. 图表中的元素不可以设置动画效果

D. 可以设置幻灯片切换效果

38. 在 PowerPoint 中，有关人工设置放映时间的说法中错误的是________。

A. 只有单击鼠标时换页

B. 可以设置在单击鼠标时换页

C. 可以设置自动换片时间

D. B 和 C 两种方法可以换页

39. 在 PowerPoint 中，“动画设置”是指________。

A. 插入 Flash 动画

B. 设置放映方式

C. 设置幻灯片的放映方式

D. 给幻灯片内的对象添加动画效果

40. 在 PowerPoint 中，启动幻灯片放映的方法中错误的是________。

A. 单击演示文稿窗口状态栏右侧的“幻灯片放映”按钮

B. 选择“幻灯片放映”选项卡→“从当前幻灯片开始”

C. 选择“幻灯片放映”选项卡→“从第一张幻灯片开始”命令

D. 直接按【F6】键，即可放映演示文稿

41. 在 PowerPoint 中，下列有关运行和控制放映方式的说法中错误的是________。

A. 用户可以根据需要，使用 3 种不同的方式运行幻灯片放映

B. 要选择放映方式，可切换到“幻灯片放映”选项卡，选择“设置放映方式”命令

C. 三种放映方式为演讲者放映（窗口）、观众自行浏览（窗口）和在展台浏览（全屏幕）

D. 对于演讲者放映方式，演讲者具有完整的控制权

42. 在 PowerPoint 中，对于已创建的演示文稿可以用________命令转移到其他未安装 PowerPoint 的机器上放映。

A. 打包　　B. 发送　　C. 复制　　D. 幻灯片放映

43. 在 PowerPoint 中，在________中，可以精确设置幻灯片的格式。

A. 备注页视图　　B. 浏览视图

C. 普通视图　　D. 放映视图

44. 在 PowerPoint 中，为了使所有幻灯片具有一致的外观，可以使用母版，用户可进入的母版视图有幻灯片母版、________。

A. 备注母版　　B. 讲义母版

C. 普通母版　　D. A 和 B 都对

45. 若要设置幻灯片换页效果为擦除，应使用________功能。

A. 动作按钮　　B. 预设动画

C. 幻灯片切换　　D. 自定义放映

46. 在 PowerPoint 中，有关幻灯片背景的说法中错误的是________。

A. 用户可以为幻灯片设置不同的颜色、阴影、图案或纹理的背景

B. 也可以使用图片作为幻灯片背景

C. 可以为单张幻灯片进行背景设置

D. 不可以同时对多张幻灯片设置背景

47. 在 PowerPoint 中，有关选定幻灯片的说法中错误的是________。

A. 在浏览视图中单击幻灯片，即可选定

B. 如果要选定多张不连续幻灯片，则在浏览视图下按【Ctrl】键并单击各张幻灯片

C. 如果要选定多张连续幻灯片，则在浏览视图下，按下【Shift】键并单击最后要选定的幻灯片

D. 在幻灯片放映视图下，也可以选定多个幻灯片

48. 关于 PowerPoint 幻灯片母版的使用，说法不正确的是________。

A. 通过对母版的设置，可以控制幻灯片中不同部分的表现形式

B. 通过对母版的设置，可以预定义幻灯片的前景、背景颜色和字体的大小

C. 修改母版不会对演示文稿中任何一张幻灯片带来影响

D. 母版分为讲义母版、备注母版和幻灯片母版

49. 在 PowerPoint 中，关于在幻灯片中插入多媒体元素的说法中错误的是________。

A. 可以插入声音（如掌声）　B. 可以插入音乐（如 CD 乐曲）

C. 可以插入影片　D. 可以插入任何格式的视频

50. 在 PowerPoint 中，要为幻灯片上的文本设置动画效果，正确的操作步骤是________。

（1）切换到“动画”选项卡

（2）选中幻灯片上的文本

（3）选择要设置的动画效果

（4）选择“动画”组

A. （2）（1）（4）（3）　B. （2）（1）（3）（4）

C. （1）（2）（3）（4）　D. （1）（2）（4）（3）

51. PowerPoint 可以集成的多媒体信息包括________。

A. 文字、图片、动画　B. SmartArt 图形

C. 音乐、旁白、视频　D. 以上都正确

52. 在 PowerPoint 中，要设置幻灯片切换效果，正确的操作步骤是________。

（1）选择“切换到此幻灯片”组

（2）切换到“切换”选项卡

（3）选择某种切换效果

A. （2）（1）（3）　B. （2）（3）（1）

C. （1）（2）（3）　D. （1）（3）（2）

53. 在 PowerPoint 中，下列说法中错误的是________。

A. 可以在浏览视图中更改某张幻灯片上动画对象的出现顺序

B. 可以在普通视图中设置动态显示文本和对象

C. 可以在幻灯片浏览视图中设置幻灯片切换效果

D. 可以在普通视图中设置幻灯片切换效果

54. 在 PowerPoint 中，为了在切换幻灯片时添加切换效果，可以使用________选项卡中的“切换到此幻灯片”组中的命令。

A. 编辑　B. 切换　C. 插入　D. 幻灯片放映

55. 在 PowerPoint 中，能够为其设置动画效果的对象是________。

A. 文本　B. 图片　C. 图表　D. 以上都可以

56. 在 PowerPoint 中，有关幻灯片母版的说法中错误的是________。

A. 只有标题区、对象区、页脚区

B. 可以更改占位符的大小

C. 可以更改占位符的位置

D. 可以更改文本格式

57. 在 PowerPoint 中，在________中，可以轻松地按顺序组织幻灯片并进行插入、删除、移动等操作。

A. 备注页视图　B. 幻灯片浏览视图

C. 幻灯片放映视图　D. 阅读视图

58. 在 PowerPoint 中，在________中，可以定位到某特定的幻灯片。

A. 备注页视图　　B. 幻灯片浏览视图

C. 幻灯片放映视图　　D. 阅读视图

59. 在 PowerPoint 中，下列说法错误的是________。

A. 可以在幻灯片中插入剪贴画　　B. 可以改变剪贴画的大小

C. 可以修改剪贴画　　D. 不可以为图片重新上色

60. 在 PowerPoint 中，在浏览视图下，按住【Ctrl】键并拖动某幻灯片，可以完成________操作。

A. 移动幻灯片　　B. 复制幻灯片

C. 删除幻灯片　　D. 选定幻灯片

61. 在 PowerPoint 中，不能对个别幻灯片内容进行编辑修改的视图方式是________。

A. 阅读视图　　B. 幻灯片浏览视图

C. 幻灯片放映视图　　D. 以上三项均不能

62. 在视图窗格中，选中不连续的多张幻灯片时，可使用________键。

A. 【Shift】　　B. 【Ctrl】　　C. 【Esc】　　D. 【Enter】

63. 在 PowerPoint 中，利用下列步骤插入一张图片，其正确的顺序是________。

（1）打开幻灯片

（2）选择并确定想要插入的图片

（3）“插入”选项卡→“图像”组→“图片”命令

（4）调整被插入的图片的大小、位置等

A. （1）（4）（2）（3）　　B. （1）（3）（2）（4）

C. （3）（1）（2）（4）　　D. （3）（2）（1）（4）

64. PowerPoint 中的超级链接可以指向________。

A. 其他 Office 文档　　B. Html 文档

C. WWW 节点或 FTP 站点　　D. 以上均可

65. 下列关于 PowerPoint 中文本的说法，错误的是________。

A. 有多种在幻灯片中创建文本的方法，如文本占位符、文本框和自选图形添加文本等

B. 给 PowerPoint 的文本设置字体、字号、字型称为文本的格式化

C. 在 PowerPoint 中，不允许插入艺术字

D. 可以为 PowerPoint 中的文本设置动画效果

66. 如果一组幻灯片中的几张暂时不想让观众看见，最好选择________。

A. 删除这些幻灯片

B. 隐藏这些幻灯片

C. 新建一组不含这些幻灯片的演示文稿

D. 自定义放映方式时，取消这些幻灯片

67. 在 PowerPoint 中，下面________说法正确。

A. 文本框内的文本的字体、字号必须一致

B. 文本框内的文本的字体必须一致，字号可以不同

C. 文本框内的文本的字体可以不同，字号必须一致

D. 文本框内的文本的字体、字号均可以不同

68. 下列不属于 SmartArt 图形类型的是________。

A. 列表　B. 流程　C. 循环　D. 包含

69. 在插入的 SmartArt 图形中添加新图形的方法是________。

A. “SmartArt 工具/设计”选项卡→“创建图形”组→“添加形状”→“在后面添加形状”

B. “SmartArt 工具/格式”选项卡→“创建图形”组→“添加形状”→“在后面添加形状”

C. “SmartArt 工具/设计”选项卡→“布局”组→“添加形状”→“在后面添加形状”

D. “SmartArt 工具/设计”选项卡→“SmartArt 样式”组→“添加形状”→“在后面添加形状”

70. 在视图窗格中，选中连续的多张幻灯片时，可使用________键。

A.【Shift】　B.【Ctrl】　C.【Esc】　D.【Enter】

71. 要将演示文稿中的某些幻灯片创建成一个独立播放的演示文稿，可以定义________。

A. 顺序放映　B. 循环放映　C. 自定义放映　D. 选择放映

72. 常用的动画制作软件是________。

A. Realplayer　B. Photoshop　C. Access　D. Flash

73. 所谓多媒体是指________。

A. 多种表示和传播信息的载体　B. 各种信息的编码

C. 计算机的输入输出信息　D. 计算机屏幕显示的信息

74. 多媒体计算机是指________。

A. 能与家用电器连接使用的计算机　B. 能处理多种媒体信息的计算机

C. 连接有多种外部设备的计算机　D. 能玩游戏的计算机

75. 多媒体技术的主要特点包含________。

A. 安全性和信息量大　B. 集成性和交互性

C. 集成性和分布性　D. 分布性和安全性

76. 多媒体技术基本特性中的“多样性”是指________。

A. 信息媒体的多样化、多维化

B. 用户群体来自不同的行业

C. 存储介质的多样化

D. 多种媒体信息的集成和多种信息处理设备的集成

77. 动画是由许多帧静止连续的画面，________播放时，产生画面活动效果的作品。

A. 以一定的速度顺序　B. 跳跃

C. 间断　D. 随机

78. 在计算机领域，媒体分为________这几类。

A. 感觉媒体、表示媒体、表现媒体、存储媒体和传输媒体

B. 动画媒体、语言媒体和声音媒体

C. 硬件媒体和软件媒体

D. 信息媒体、文字媒体和图像媒体

79. 不属于多媒体关键技术的是________。

A. 多媒体数据通信技术　B. 多媒体信息采集技术

C. 多媒体数据压缩/解压技术　D. 多媒体数据存储技术

80. 在多媒体系统中，光盘属于________。

A. 感觉媒体　B. 传输媒体　C. 表现媒体　D. 存储媒体

81. 不属于多媒体硬件系统的是________。

A. 硬盘　B. 麦克风　C. 数码相机　D. 充电器

82. 下列文件中不是声音文件的是________。

A. MP3 文件　B. JPG 文件　C. WAV 文件　D. WMA 文件

83. 多媒体采用人机对话方式，用户能够根据自己的爱好对内容进行选择播放。多媒体的这一特性，称为________。

A. 多样性　B. 交互性　C. 集成性　D. 判断性

84. MP3 实际上是运动图像专家组 MPEG 提出的压缩编码标准________的一个层次。

A. MPEG－1　B. MPEG－2　C. MPEG－3　D. MPEG－4

85. 对于同样尺寸大小的图像而言，下列描述中不正确的是________。

A. 图像分辨率越高，则图像的像素数目越多

B. 图像分辨率越高，则每英寸的像素数目（dpi）越大

C. 图像分辨率越高，则图像占用的存储空间越大

D. 图像分辨率越高，则图像的色彩越丰富

86. 以双声道、22.05KHz 采样频率、16 位采样精度进行采样，一分钟长度的声音不压缩的数据量是________。

A. 5.05MB　B. 5.29MB　C. 10.35MB　D. 10.58MB

87. 关于图像文件的格式，不正确的叙述是________。

A. JPEG 格式是高压缩比的有损压缩格式，使用广泛

B. GIF 格式是高压缩比的无损压缩格式，适合于保存真彩色图像

C. PSD 格式是 Photoshop 软件的专用文件格式，文件占用存储空间较大

D. BMP 格式是微软公司画图软件使用的格式，得到各类图像处理软件的广泛支持

88. 存储一幅 1 024×768 真彩色（32 位）的图像，其文件大小约________。

A. 3KB　B. 3MB　C. 24KB　D. 24MB

89. 视频采集卡能支持多种视频源输入，下列属于视频采集卡支持的视频源的是________。

（1）放像机　（2）摄像机　（3）影碟机　（4）CD－ROM

A. 仅（1）　B. （1）（2）　C. （1）（2）（3）　D. 全部

90. 多媒体个人电脑的英文缩写是________。

A. VCD　B. APC　C. MPC　D. MPEG

91. 下列采集的声音波形质量最好的是________。

A. 单声道、8 位量化、22.05 kHz 采样频率

B. 双声道、8 位量化、44.1 kHz 采样频率

C. 单声道、16 位量化、22.05 kHz 采样频率

D. 双声道、16 位量化、44.1 kHz 采样频率

92. 下列系统中不属于多媒体系统的是________。

A. 字处理系统　B. 具有编辑和播放功能的开发系统

C. 以播放为主的教育系统　D. 家用多媒体系统

93. 以下文件格式中，属于网络音乐的主要格式的是________。

A. flv　B. avi　C. mp3　D. mpeg

94. 多媒体计算机系统包括多媒体硬件系统和________。

A. 解压软件　B. CD 播放软件

C. 动画片设计软件　D. 多媒体计算机软件系统

95. 运动图像压缩编码的标准是________。

A. JPEG　B. ASCII　C. MPEG　D. RM

96. 以下说法中，错误的是________。

A. 像素是构成位图图像的最小单位

B. 组成一幅图像的像素数目越多，图像的质量越好

C. 位图进行缩放时不容易失真，而矢量图缩放时容易失真

D. GIF 格式图像最多只能处理 256 种色彩，故其不能存储真彩色的图像文件

97. JPG 格式是________。

A. 有损压缩位图格式　B. 无损压缩位图格式

C. 没有压缩的格式　D. 压缩的 BMP 格式

第8章　习　题

1. Dreamweaver CS5 工作界面中不包括________。

A. 菜单栏　B. 地址栏　C. 标题栏　D. 浮动面板组

2. 在“插入”面板的“常用”选项中没有插入________的功能。

A. 表格　B. 超级链接　C. 图像　D. 艺术字

3. 在 Dreamweaver CS5 中，站点的概念可以指一个________，也可以指一个网站的当地文件的存储位置。

A. 文件　B. 网站　C. 首页　D. 网页

4. 在网页中连续输入空格的方法是________。

A. 连续按空格键

B. 按住【Ctrl】键再连续按空格键

C. 按住【Ctrl】+【Shift】组合键再连续按空格键

D. 按住【Shift】键再连续按空格键

5. 通过按________键，可以设置文本内容换行不换段。

A. 【Enter】　B. 【Ctrl】+【Enter】

C. 【Alt】+【Enter】　D. 【Shift】+【Enter】

6. 在 Dreamweaver CS5 中，可以为链接目标设置打开的位置，若要在指定框架中打开目标网页，应该在“目标”下拉列表中选择________。

A. 指定框架的名称　B. _ parent

C. _ self　D. _ top

7. 在 Dreamweaver CS5 中，表格的主要作用是________。

A. 组织数据　B. 表现图片

C. 实现网页的精确排版和元素的定位　　D. 设计新的页面

8. 在 Dreamweaver CS5 中，下面关于设置表格属性的说法中错误的是________。

A. 可以设置单元格之间的距离

B. 可以设置单元格内部的内容和单元格边框之间的距离

C. 可以设置表格的背景颜色

D. 可以将表格的高度值由百分比转换为像素单位

9. 要合并单元格，首先选中待合并的若干个单元格，然后单击“属性”面板的________按钮。

A.　　B.　　C.　　D.

10. 在站点中建立一个文件，文件的扩展名应是________。

A. DOC　　B. PPT　　C. XLS　　D. HTML

11. 按住________键再单击单元格，可以选择多个不连续的单元格。

A. 【Shift】　　B. 【Ctrl】　　C. 【Alt】　　D. 【Enter】

12. 网站首页的名字通常是________。

A. Index　　B. first　　C. WWW　　D. http

13. 执行“文件”菜单→“________”命令，可以保存所有框架集文件和框架文件。

A. 另存为新文件　　B. 保存框架集　　C. 保存框架　　D. 保存全部

14. 在 Dreamweaver CS5 中，要在一个空白框架内设置初始网页，应该选择________。

A. “文件”菜→“打开”项　　B. “文件”菜→“在框架中打开”项

C. “插入”菜→“对象”项　　D. “文件”菜→“导入”项

15. 实现网页文件保存的快捷键是________。

A. 【Ctrl】+【S】　　B. 【Ctrl】+【C】

C. 【Ctrl】+【V】　　D. 【Ctrl】+【E】

16. 若要在 Dreamweaver CS5 的文档窗口中插入文本，可以采用________方式。

A. 直接在 Dreamweaver CS5 的文档窗口输入文本

B. 复制并粘贴

C. 从其他文档导入文本

D. A、B 和 C

17. Dreamweaver CS5 的 3 种视图模式不包括________。

A. “设计”视图　　B. “代码”视图

C. “预览”视图　　D. “拆分”视图

18. 下列不属于网页的构成元素的是________。

A. 图片　　B. 文本　　C. 声音　　D. 框架

19. 下列________不是网页中常用的图像格式。

A. GIF　　B. PNG　　C. TIF　　D. JPEG

20. 在表格的“属性”面板中，图标的含义是________。

A. 将表格宽度由百分比转换为像素　　B. 将表格宽度由像素转换为百分比

C. 清除行高　　D. 将表格高度由百分比转换为像素

第1章　习题答案

1. B	2. C	3. D	4. D	5. B	6. A	7. B	8. D	9. B	10. B
11. C	12. B	13. D	14. C	15. B	16. C	17. D	18. A	19. B	20. B
21. A	22. C	23. C	24. B	25. D	26. A	27. C	28. B	29. A	30. D
31. C	32. C	33. B	34. A	35. B	36. D	37. D	38. B	39. C	40. D
41. C	42. C	43. D	44. A	45. D	46. B	47. B	48. B	49. B	50. B
51. A	52. D	53. A	54. B	55. C	56. C	57. C	58. C	59. B	60. A
61. B	62. D	63. A	64. B	65. A	66. C	67. C	68. A	69. A	70. A
71. B	72. B	73. A	74. A	75. D	76. C	77. B	78. B	79. B	80. D
81. A	82. D	83. A	84. C	85. C	86. D	87. B	88. D	89. A	90. B
91. D	92. A	93. A	94. C	95. D	96. C	97. D	98. D	99. A	100. A
101. B	102. D	103. A	104. A	105. A	106. D	107. B	108. D	109. D	110. C
111. D	112. B	113. A	114. D	115. C	116. C	117. D	118. C	119. B	120. B
121. D	122. C	123. D	124. C	125. C	126. A	127. C	128. B	129. D	130. A
131. B	132. A	133. D	134. D	135. B	136. A	137. A	138. B		

第2章　习题答案

1. A	2. D	3. D	4. C	5. B	6. D	7. A	8. D	9. A	10. B
11. B	12. B	13. D	14. D	15. D	16. B	17. A	18. B	19. C	20. B
21. D	22. B	23. C	24. C	25. A	26. A	27. B	28. D	29. B	30. B
31. A	32. A	33. B	34. D	35. D	36. A	37. C	38. C	39. B	40. D
41. C	42. A	43. B	44. B	45. D	46. A	47. A	48. B	49. A	50. C
51. D	52. B	53. D	54. B	55. A	56. A	57. A	58. D	59. C	60. A
61. B	62. B	63. D	64. D	65. A	66. B	67. B	68. D	69. A	70. B
71. A	72. A	73. C	74. A	75. B	76. A	77. B	78. D	79. A	80. C

第3章　习题答案

1. A	2. D	3. A	4. D	5. D	6. B	7. A	8. C	9. B	10. B
11. A	12. B	13. B	14. C	15. C	16. C	17. B	18. C	19. B	20. A
21. B	22. A	23. B	24. C	25. B	26. A	27. B	28. A	29. A	30. C
31. C	32. C	33. A	34. B	35. A	36. A	37. C	38. D	39. B	40. C
41. D	42. A	43. D	44. C	45. A	46. C	47. B	48. A	49. C	50. A
51. A	52. A	53. A	54. D	55. A	56. C	57. D	58. B	59. A	60. C
61. C	62. C	63. C	64. B	65. C	66. C	67. B	68. B	69. C	70. A
71. A	72. A	73. C	74. A	75. D	76. B	77. D	78. D	79. C	80. B

第4章　习题答案

1. B	2. B	3. D	4. A	5. C	6. C	7. D	8. D	9. B	10. B
11. C	12. A	13. B	14. C	15. A	16. D	17. D	18. D	19. D	20. C
21. C	22. C	23. D	24. C	25. D	26. C	27. B	28. A	29. D	30. A
31. C	32. D	33. C	34. D	35. B	36. D	37. A	38. D	39. C	40. B
41. B	42. B	43. C	44. B	45. B	46. D	47. C	48. A	49. C	50. D
51. B	52. D	53. C	54. D	55. B	56. B	57. B	58. D	59. D	60. B
61. C	62. C	63. D	64. B	65. B	66. B	67. D	68. D	69. D	70. D
71. A	72. C	73. B	74. C	75. A	76. B	77. D	78. C	79. B	80. B
81. D	82. C	83. B	84. A	85. C	86. C				

第5章　习题答案

1. C	2. C	3. A	4. B	5. D	6. C	7. A	8. D	9. C	10. A
11. D	12. B	13. A	14. B	15. B	16. B	17. D	18. A	19. B	20. C
21. D	22. D	23. B	24. B	25. B	26. C	27. A	28. D	29. D	30. A
31. C	32. D	33. B	34. D	35. A	36. B	37. B	38. D	39. A	40. B
41. D	42. C	43. C	44. A	45. D	46. D	47. A	48. C	49. A	50. C
51. B	52. B	53. D	54. D	55. B	56. A	57. C	58. D	59. C	60. C
61. B	62. A	63. B	64. C	65. C	66. A	67. B	68. B	69. B	70. C
71. A	72. D	73. A	74. C	75. B	76. B	77. B	78. B	79. A	80. D
81. A	82. D	83. D	84. D	85. C	86. C	87. A	88. D	89. B	90. D
91. D	92. A	93. B	94. C	95. D	96. C	97. C	98. D	99. A	100. B

第6章　习题答案

1. A	2. C	3. A	4. C	5. A	6. C	7. A	8. B	9. A	10. D
11. D	12. D	13. A	14. A	15. D	16. A	17. C	18. D	19. C	20. D
21. B	22. A	23. B	24. C	25. C	26. D	27. A	28. B	29. B	30. C
31. C	32. B	33. A	34. A	35. C	36. B	37. D	38. A	39. C	40. B
41. D	42. D	43. D	44. A	45. D	46. B	47. D	48. B	49. B	50. B
51. C	52. C	53. A	54. B	55. A	56. C	57. C	58. C	59. A	60. B
61. A	62. C	63. C	64. C	65. B	66. C	67. D	68. B	69. B	70. A

第7章　习题答案

1. B	2. B	3. A	4. D	5. A	6. A	7. D	8. B	9. C	10. C
11. B	12. D	13. C	14. A	15. D	16. A	17. D	18. D	19. B	20. A
21. B	22. B	23. D	24. D	25. D	26. B	27. B	28. A	29. D	30. C
31. D	32. B	33. B	34. C	35. B	36. D	37. C	38. A	39. D	40. D
41. D	42. A	43. C	44. D	45. C	46. D	47. D	48. C	49. D	50. A
51. D	52. A	53. A	54. B	55. D	56. A	57. B	58. C	59. D	60. B
61. D	62. B	63. B	64. D	65. C	66. B	67. D	68. D	69. A	70. A
71. C	72. D	73. A	74. B	75. B	76. A	77. A	78. A	79. B	80. D
81. D	82. B	83. B	84. A	85. D	86. B	87. B	88. B	89. C	90. C
91. D	92. A	93. C	94. D	95. C	96. C	97. A			

第8章　习题答案

1. B	2. D	3. B	4. C	5. D	6. A	7. C	8. D	9. C	10. D
11. B	12. A	13. D	14. B	15. A	16. D	17. C	18. D	19. C	20. B

第三部分　综合练习

笔试练习一

说明：1. 笔试练习全部为选择题，每题可供选择的答案中，只有一个正确或最佳答案。

2. 笔试练习包括第一部分和第二部分。第一部分各模块为必做模块，第二部分各模块为选答模块，选做其中一个模块。

第一部分　必做模块

模块一：基础知识（每项1.5分，14项，共21分）

一、计算机能做到运算速度快、自动化程度高的原因是__1__；以二进制和程序控制为基础的计算机结构是由__2__最早提出的。

1. A. 设计先进、元器件质量高　　B. CPU速度快、功能强

C. 采用数字化方式表示数据　　D. 采取由程序控制计算机运行的工作方式

2. A. 布尔　　B. 图灵　　C. 巴贝奇　　D. 冯·诺伊曼

二、计算机内部采用__3__进行运算；下列四个不同数制的数中，最大的是__4__。

3. A. 二进制　　B. 十进制　　C. 八进制　　D. 十六进制

4. A. 二进制数1011011　　B. 八进制数127

C. 十进制数91　　D. 十六制数6B

三、计算机的性能指标有多种，最重要的是__5__；通常我们所说的32位机，指的是计算机的CPU__6__。

5. A. 制造商　　B. 主频　　C. 价格　　D. 品牌

6. A. 内部有32个寄存器　　B. 内部有32个存储器

C. 能够同时处理32位二进制数据　　D. 只能处理32位的数据

四、计算机硬件的五大基本组成部分包括运算器、存储器、输入设备、输出设备和__7__；在下列设备中，既属于输出设备又输入设备的是__8__。

7. A. 显示器　　B. 控制器　　C. 磁盘驱动器　　D. 鼠标

8. A. 硬盘存储器　　B. 键盘　　C. 鼠标　　D. 绘图仪

五、下列存储设备中访问速度最快的是__9__；突然停电，则计算机中__10__全部丢失。

9. A. 硬盘　　B. 软盘　　C. 内存　　D. 光盘

10. A. 硬盘中的数据和程序　　B. ROM中的数据和程序

C. ROM和Cache中的数据和程序　　D. RAM中的数据和程序

六、计算机硬件能够直接识别和执行的语言是__11__。

11. A. 机器语言　　B. 汇编语言　　C. 高级语言　　D. 低级语言

七、计算机指令的集合通常称为__12__。计算机软件是由系统软件及应用软件组成，应用软件是指__13__。

12. A. 模拟语言　B. 机器语言　C. 汇编语言　D. 程序
13. A. 所有能够使用的软件　B. 能被各应用单位共同使用的软件
    C. 所有计算机都要用的基本软件　D. 针对各类应用的专门问题而开发的软件

八、由计算机来完成产品设计中的计算、分析、模拟和制图等工作，通常称为__14__。

14. A. 计算机辅助测试　B. 计算机辅助设计
    C. 计算机辅助制造　D. 计算机辅助教学

模块二：操作系统（每项 1.5，14 项，共 21 分）

一、计算机操作系统是__15__的接口，Windows 7 是一个__16__操作系统。

15. A. 用户与软件　B. 系统软件与应用软件
    C. 主机与外设　D. 用户与计算机
16. A. 单用户单任务　B. 单用户多任务
    C. 多用户单任务　D. 多用户多任务

二、如果用户在一段时间__17__，Windows 7 将启动执行屏幕保护程序。单击“ ”按钮，指向__18__并单击，可用其中的项目进行设备管理或添加/删除程序。在 Windows 7 操作系统中，将打开窗口拖动到屏幕顶端，窗口会__19__。

17. A. 没有按键盘　B. 没有移动鼠标
    C. 既没有按键盘，也没有移动鼠标　D. 没有使用打印机
18. A. 控制面板　B. 文件夹选项　C. 活动桌面　D. 任务栏
19. A. 关闭　B. 消失　C. 最大化　D. 最小化

三、剪贴板是系统的临时存储区，此存储区是__20__；“回收站”是__21__。

20. A. 回收站的一部分　B. 硬盘的一部分
    C. 内存的一部分　D. 软盘的一部分
21. A. 高速缓存中的一块区域　B. 软盘上的一块区域
    C. 硬盘上的一块区域　D. 内存中的一块区域

四、“资源管理器”的主要功能是__22__。在 Windows 7 资源管理器中，文件夹树中的某个文件夹的左边的“▷”表示__23__。

22. A. 用于管理磁盘文件　B. 与“控制面板”完全相同
    C. 编辑图形文件　D. 查找各类文件
23. A. 该文件夹含有隐藏文件　B. 该文件夹为空
    C. 该文件夹含有系统文件　D. 该文件夹含有子文件夹

五、Windows 7 中，通过“鼠标属性”对话框，不能调整鼠标器的__24__。在控制面板中，选中“显示”功能项，然后单击左边的__25__可以启动文本调谐器。

24. A. 单击速度　B. 双击速度　C. 移动速度　D. 指针轨迹
25. A. 更改显示器设置　B. 调 ClearType 文本
    C. 校准颜色　D. 调整分辨率

六、在 Windows 7 的“资源管理器”中，窗口被分为两个部分，其左边窗口中显示的是__26__，如果单击左边窗口中的文件夹图标，则__27__，文件夹图标前显示一个向右下方的

实心三角形符号，表示__28__。

26. A. 当前打开的文件夹的内容　　B. 系统的文件夹树
    C. 当前打开的文件夹名称及其内容　　D. 当前打开的文件夹名称
27. A. 在左窗口中扩展该文件夹　　B. 在右窗口中显示文件夹中的子文件夹和文件
    C. 在左窗口中显示文件夹中　　D. 在右窗口中显示该文件夹中的文件
28. A. 该文件夹包含有子文件夹，且该文件夹已经展开
    B. 该文件夹已经被查看过
    C. 该文件夹包含有子文件夹，且该文件夹尚未展开
    D. 该文件夹曾经增添过文件

模块三：字表处理（每项1.5分，14项，共18分）

一、汉字在机器内和显示输出时，能较好地表示一个汉字，至少分别需要__29__。

29. A. 二个字节、16×16点阵　　B. 一个字节、8×8点阵
    B. 一个字节、32×32点阵　　D. 三个字节、64×64点阵

二、启动Word后，第一个新文档__30__；关于Word文档窗口的说法，正确的是__31__。在Word的编辑状态下，可以同时显示水平标尺和垂直标尺的视图方式是__32__。

30. A. 自动命名为“. doc 1”　　B. 自动命名为“ *. doc”
    B. 自动命名为“文档1”　　D. 没有文件名
31. A. 只能打开一个文档窗口
    B. 可以同时打开多个文档窗口且窗口都是活动的
    C. 可以同时打开多个文档窗口，只有一个是活动窗口
    D. 可以同时打开多个文档窗口，只有一个窗口是可见文档窗口
32. A. 普通视图　　B. 页面视图
    C. 大纲视图　　D. 全屏幕显示方式

三、使用“字数统计”不能得到__33__。

33. A. 页数　　B. 节数　　C. 行数　　D. 段落数

四、在Word文档编辑中，若要把多处同样的错误一次改正，最好的方法是__34__。对文档中选定的操作对象进行复制、移动等操作，实际上都要经过__35__来完成数据的传送。

34. A. 使用“编辑”组中的替换功能
    B. 使用“格式刷”功能
    C. 使用“撤销”按钮
    D. 使用“自动更正”功能
35. A. 剪贴板　　B. 硬盘　　C. 超级链接　　D. 高速缓存

五、要在Word中设定打印纸张的大小，应选择__36__操作。

36. A. “文件”选项卡中的“打印”　　B. “开始”选项卡的“样式”
    C. “视图”选项卡的“显示”　　D. “页面布局”选项卡的“页面设置”

六、在Word的编辑状态下，当前正编辑一个新建文档“文档1”，当执行“文件”选项卡中的“保存”命令后__37__。

37. A. 该“文档1”被存盘　　B. 弹出“另存为”对话框，供进一步操作

C. 自动以“文档 1”为名存盘　　D. 不能以“文档 1”为名存盘

七、关于 Excel 中工作表的删除，下列说法中正确的是__38__。

38. A. 被删除的工作表将无法恢复

B. 被删除的工作表可以被恢复到原来位置

C. 被删除的工作表可以被恢复为首张工作表

D. 被删除的工作表可以被恢复为最后一张工作表

八、在 Excel 2010 工作表中，= AVERAGE（A4：D16）表示求单元格区域 A4：D16 的__39__。

39. A. 和　　B. 平均值　　C. 最大值　　D. 最小值

九、利用“开始”选项卡中“编辑”功能组的“清除”按钮，不能完成的操作是__40__。

40. A. 删除单元格中的内容　　B. 删除单元格

C. 清除单元格中数据的格式　　D. 清除单元格中的批注

十、分类汇总是指对数据库的某一个字段，即工作表的__41__进行分类小计，然后合计。

41. A. 某一行　　B. 某一列　　C. 某一单元格　　D. 某一页

十一、在 Excel 2010 中，有关嵌入式图表，下面表述中错误的是__42__。

42. A. 对生成的图表进行编辑时，首先要选定图表

B. 表格数据修改后，图表中的数据也随之变化

C. 图表一旦创建就不能更改图表类型，如三维变二维

D. 图表创建后仍可以向图表中添加新的数据

模块四：计算机网络技术（每项 15 分，14 项，共 21 分）

一、计算机网络的主要目标是__43__。下面不属于网络硬件组成的是__44__。Internet 实现了分布在世界各地的各类网络的互联，其最基础和核心的协议为__45__。

43. A. 分布式处理　　B. 数据通信和资源共享

C. 提高计算机系统可靠性　　D. 以上都是

44. A. 网络服务器　　B. 个人计算机工作站

C. 网卡　　D. 网络操作系统

45. A. CSMA/CD　　B. IEEE 802. 5

C. TCP/IP　　D. X. 25

二、TCP/IP 是__46__。对于 IP 地址为 193. 178. 65. 55 的主机来说，它的网络地址和主机地址分别为__47__。FTP 的意思是__48__。

46. A. 网络名　　B. 网络协议　　C. 网络应用　　D. 网络系统

47. A. 193. 178. 65 和 55　　B. 193. 178 和 65. 55

C. 193 和 178. 65. 55　　D. 55 和 193. 178

48. A. 布尔逻辑搜索　　B. 电子公告板

C. 文件传输协议　　D. 超文本传输协议

三、“Web”是环球信息网的缩写，中文名字为__49__。“URL”的中文意思是__50__。

49. A. 万维网　　B. 以太网　　C. 互联网　　D. 信息高速公路

50. A. 网络服务器　　B. 统一资源定位器
C. 更新重定位线路　　D. 传输控制协议进行信息交换

四、计算机病毒是指__51__。计算机病毒具有__52__的特点，目前使用的防病毒软件的作用是__53__。

51. A. 编制有错误的计算机程序　　B. 设计不完善的计算机程序
C. 已被破坏的计算机程序　　D. 以危害计算机系统为目的的计算机程序

52. A. 传染性、潜伏性、破坏性　　B. 破坏性、隐蔽性、易读性
C. 传染性、易读性、破坏性　　D. 传染性、潜伏性、易读性

53. A. 可查出任何已感染的病毒　　B. 可查出并清除任何病毒
C. 可清除已感染的任何病毒　　D. 可查出已知的病毒，清除部分病毒

五、不能通过网络传送文件的是__54__。使用 Foxmail 收发电子邮件，不需要做的工作是__55__，电子邮件地址格式为：username@ hostname，其中 hostname 为__56__。

54. A. FTP　　B. 电子邮件　　C. QQ 发送文件　　D. BBS

55. A. 在 Foxmail 设置电子邮件账号　　B. 申请自己的电子邮箱
C. 将本地计算机与 Internet 网连接　　D. 启动 Telnet 远程登录到对方主机

56. A. 用户地址名　　B. 某国家名
C. 某公司名　　D. ISP 某台主机的域名

第二部分　选做模块

模块五：数据库技术基础（每项 1.9 分，10 项，共 19 分）

一、Access 2010 是一个关系型__57__。关系数据库中的“关系”是指__58__。

57. A. 数据库管理系统　　B. 数据库应用系统
C. 数据库系统　　D. 数据管理实用软件

58. A. 各条记录彼此都有一定关系
B. 各字段数据彼此都有一定关系
C. 数据模型是一个满足一定的二维表
D. 表文件之间存在一定关系

二、Access 的查询是数据库管理中一个最基本的操作，利用查询可以通过不同的方法来__59__数据。在 Access 数据中，某个设计好的查询，其结果是__60__。

59. A. 更改、分析　　B. 查看、更改
C. 查看、分析　　D. 查看、更改以及分析

60. A. 固定不变的　　B. 随基本表而动态变化的
C. 随查询条件而动态变化的　　D. 随查询方式而动态变化的

三、建立 Access 的数据库的首要工作是__61__。在 Access 有关主键的描述中，正确的是__62__。

61. A. 建立数据库的查询　　B. 建立数据库的基本表
C. 建立基本表之间的关系　　D. 建立数据库的报表

62. A. 主键只能由一个字段组成
    B. 主键创建后，就不能取消
    C. 如果用户没有指定主键，系统会显示出错提示
    D. 主键的值，对于每个记录必须是唯一的

四、用“设计视图”修改报表的内容不包括__63__。

63. A. 更改控件大小和位置
    B. 更改报表所用数据来源的表或查询
    C. 设置和修改控件的属性值
    D. 向报表工作区添加控件

五、已建立一个学生成绩表，其字段如下：

	字段名	字段类型
1	姓名	文本类型
2	性别	文本类型
3	出生年月	日期/时间
4	总分	数字型（大小：整形）

若要求用设计视图创建一个查询，查找 1984 年以前出生的女同学的姓名、性别和出生年月，正确的设置查询准则方法应为__64__。若要求用“自动创建报表向导”创建一个纵栏式报表，正确的操作是先打开数据库窗口，然后__65__。

64. A. 在准则单元格中键入：出生年月〈#84 -01 -01#AND 性别 = “女”
    B. 在出生年月的准则单元格中键入：>#84 -01 -01#；在性别的准则单元格中键入：“女”
    C. 在出生年月的准则单元格中键入：<#84 -01 -01#；在性别的准则单元格中键入：“女”
    D. 在准则单元格中键入：出生年月 >#84 -01 -01# OR 性别 = “女”

65. A. 单击“报表”→“设计”，选择“自动报表：纵栏式”，选择数据源
    B. 单击“报表”→“新建”，选择“自动报表：纵栏式”，选择数据源
    C. 单击选择“自动报表：纵栏式”，选择数据源，单击“预览”→“确定”
    D. 单击“使用向导创建报表”→“设计”，选择字段，选择布局式为“纵栏式”，选择标题，单击“确定”

六、以下是关系型数据库中建立表之间的关联的叙述，用来在两个表之间设置关系的字段，正确的是__66__。

66. A. 其字段名称、字段类型、字段内容必须相同
    B. 其字段名称可以不同，但字段类型、字段内容必须相同
    C. 其字段名称、字段类型可以不同，但字段内容必须相同
    D. 必须都要设置为主键

模块六：多媒体技术基础（每项 1.9 分，10 项，共 19 分）

一、以下__67__是多媒体技术未来的发展方向。

（1）高分辨率，提高显示质量　　　　（2）高速度化，缩短处理时间

（3）简单化，便于操作　　（4）智能化，提高信息识别能力

67. A.（1）（2）（3）　B.（1）（2）（4）
C.（1）（3）（4）　D. 全部

二、以下__68__不属于多媒体关键技术。

68. A. 多媒体信息采集技术　B. 多媒体数据压缩/解压技术
C. 多媒体数据存储技术　D. 多媒体数据通信技术

三、在 PowerPoint 中插入“超级链接”的作用是__69__；PowerPoint 中要移动文本框，应先选中该文本框，将鼠标指针放在边框上，使光标变成__70__。

69. A. 在演示文稿中插入幻灯片　B. 关闭 PowerPoint
C. 内容跳转　D. 删除幻灯片

70. A. 十字形四方向箭头　B. 斜方向双向箭头
C. 竖直双向箭头　D. 水平双向箭头

四、以双声道、22.05 KHz 采样频率、16 位采样精度进行采样，一分钟长度的声音不压缩的数据量是__71__；下列文件中不是声音文件的是__72__。

71. A. 5.05 MB　B. 5.29 MB　C. 10.35 MB　D. 10.58 MB

72. A. MP3 文件　B. JPG 文件　C. WAV 文件　D. WMA 文件

五、以下__73__不属于多媒体。关于多媒体系统的描述中，不正确的是__74__。

73. A. 有声图书　B. 交互式视频游戏
C. 立体声音乐　D. 彩色画报

74. A. 多媒体系统是对文字、图形、声音等信息及资源进行管理的系统
B. 数据压缩是多媒体处理的关键技术
C. 多媒体系统可以在微型计算机上运行
D. 多媒体系统只能在微型计算机上运行

六、模拟音频信号的数字化要经过__75__。

75. A. 采样、压缩、编码　B. 采样、压缩、量化
C. 采样、量化、编码　D. 采样、编码、压缩

七、PowerPoint 是一个__76__软件。

76. A. 电子表格　B. 演示文稿　C. 图像处理　D. 文字处理

模块七：信息获取与发布（每项 1.9 分，10 项，共 19 分）

一、下列属于信息的特性是__77__；属于获取网络信息的方法是__78__。Internet 上的 Google 搜索引擎不能实现的操作是__79__。

77. A. 可获取性　B. 可变化性　C. 可遗传性　D. 可运算性

78. A. 发送邮件　B. 使用搜索引擎　C. 发微博　D. 在论坛上发表见解

79. A. 查找网页　B. 查找图片　C. 查找音乐　D. 文件上传

二、关于信息的下列说法中，不正确的是__80__。__81__不是信息发布的方式。

80. A. 信息可以影响人们的决策　B. 信息就是指计算机中保存的数据
C. 信息能够快速地传播　D. 信息有多种不同的表示形式

81. A. 电视　B. 广播　C. 软件下载　D. 新闻网站

三、__82__是一个搜索引擎网站。

82. A. www. qq. com　　B. www. 132. cn
　C. www. 163. com　　D. www. baidu. com

四、下列属于网页制作软件的是__83__。关于网页的说法不准确的是__84__。

83. A. Powerpoint　　B. Excel　　C. Photoshop　　D. Dreamweaver

84. A. 网页可以包含多种元素　　B. 网页可以实现一定的交互功能
　C. 网页就是网站　　D. 网页和网页之间通过超级链接实现连接

五、要在演示文稿中设置幻灯片背景颜色，应在“__85__”选项卡中选择“背景”组中进行设置。幻灯片版式中的虚线框是指__86__。

85. A. 文件　　B. 视图　　C. 插入　　D. 格式

86. A. 占位符　　B. 标签框　　C. 特殊字符　　D. 布局框

笔试练习二

说明： ① 笔试练习全部为选择题，每题可供选择的答案中，只有一个正确或最佳答案。
② 笔试练习包括第一部分和第二部分。第一部分各模块为必做模块，第二部分各模块为选答模块，选做其中一个模块。

第一部分　必做模块

模块一：基础知识（每项 1.5 分，14 项，共 21 分）

一、计算机能够接受和处理的信息是__1__。冯·诺伊曼在他的 EDVAC 计算机方案中提出了__2__的概念。

1. A. ASCII 码　　B. 二进制代码　　C. BCD 码　　D. 十六进制代码

2. A. ASCII 编码和指令系统　　B. 机器语言和十六进制
   C. 引入 CPU 和内存储器　　D. 采用二进制和存储程序控制

二、十进制数 63 转换成二进制数是__3__。已知英文字母 b 的 ASCII 码值为 98，那么字母 f 的 ASCII 码值是__4__。

3. A. 110011　　B. 111111　　C. 111010　　D. 111011

4. A. 99　　B. 100　　C. 101　　D. 102

三、计算机存储信息的最小单位是__5__。

5. A. 字节　　B. 位　　C. 字长　　D. 字符

四、微型计算机系统由__6__组成；关于计算机硬件组成的说法，不正确的是__7__。

6. A. 硬件系统和软件系统　　B. 硬件系统和程序
   C. 主机、显示器、鼠标和键盘　　D. 系统软件和应用软件

7. A. 当关闭计算机电源后，内存中的程序和数据就消失
   B. 软盘和硬盘驱动器既属于输入设备，又属于输出设备
   C. 软盘和硬盘上的数据均可由 CPU 直接存取
   D. 计算机硬件系统由运算器、控制器、存储器、输入/输出五大部分组成

五、内存与外存的主要不同在于__8__。不同的外部设备必须通过不同的__9__才能与主机相连。

8. A. CPU 可以直接处理内存中的信息，速度快，存储容量大；外存则相反
   B. CPU 可以直接处理内存中的信息，速度快，存储容量小；外存则相反
   C. CPU 不能直接处理内存中的信息，速度慢，存储容量大；外存则相反
   D. CPU 不能直接处理内存中的信息，速度慢，存储容量小；外存则相反

9. A. 接口电路　　B. 电脑线　　C. 设备　　D. 插座

六、计算机的工作过程是执行指令的过程，指令是由__10__两部分组成的。软件

是指__11__。

10. A. 命令和操作数　B. 操作码和操作数地址码
    C. 操作数和运算类型　D. 操作码和运算类型

11. A. 所有程序和支持文档的总和　B. 系统软件和文档资料
    C. 应用程序和数据库　D. 各种程序

七、源程序就是__12__；语言处理程序的主要作用是__13__。

12. A. 由程序员编写的程序　B. 用机器语言写的程序
    C. 用高级语言或汇编语言写的程序　D. 由用户编写的程序

13. A. 将用户命令转换为机器能执行的指令
    B. 对自然语言进行处理以便为机器所理解
    C. 根据设计要求自动生成源程序以减轻编程的负担
    D. 把高级语言或汇编语言写的源程序转换为机器语言程序

八、办公自动化（OA）是计算机的一项应用，按计算机应用分类，它属于__14__。

14. A. 数据处理　B. 科学计算　C. 实时控制　D. 辅助设计

模块二：操作系统（每项 1.5，14 项，共 21 分）

一、操作系统是__15__；不属于 Windows 7 操作系统特点的是__16__。

15. A. 软件和硬件之间的接口　B. 源程序和目标程序之间的接口
    C. 用户和计算机之间的接口　D. 外设和主机之间的接口

16. A. 更易用　B. 价格更低　C. 更简单　D. 更安全

二、在 Windows 7 中，将应用程序窗口最小化以后，应用程序__17__；Windows 窗口中的菜单项后面若带有省略号，则表示__18__；Windows 窗口中不包含__19__。

17. A. 继续运行　B. 暂停运行　C. 被关闭了　D. 停止运行

18. A. 选择该项后将弹出对话框　B. 该菜单项已被删除
    C. 该菜单当前不能使用　D. 该菜单项正被使用

19. A. 标题栏　B. 菜单栏　C. 状态栏　D. 任务栏

三、在 Windows 7 的附件中，程序项__20__供用户绘制图形；磁盘驱动器“属性”对话框“工具”标签中包括的磁盘维护工具是__21__。

20. A. 写字板　B. 记事本　C. 画图　D. 映像

21. A. 修复　B. 格式化　C. 碎片整理　D. 复制

四、Windows7 自带的、基本操作与 Word 相似的文字工具是__22__；当程序因某种原因不能正常结束时，下列所达方法能较好地结束该程序的是__23__。

22. A. 写字板　B. 记事本　C. 剪贴板　D. 画图

23. A. 按【Ctrl】+【Alt】+【Del】键，然后选择“启动任务管理器”，选择“结束任务”结束该程序的运行
    B. 按【Ctrl】+【Del】键，然后选择结束任务结束该程序的运行
    C. 按【Ctrl】+【Shift】+【Del】键，然后选择结束任务结束该程序的运行
    D. 直接按【Reset】键，结束该程序的运行

五、Windows 7 文件名最长可由__24__个字符组成；“记事本”文件默认的扩展名

是__25__；具有__26__属性的文件不能修改。

24. A. 32　　B. 64　　C. . 128　　D. 255

25. A. . RTF　　B. . WRI　　C. . TXT　　D. . DOC

26. A. 系统　　B. 存档　　C. 隐藏　　D. 只读

六、设置 Windows7 桌面背景，可在桌面空白地方右击鼠标，在弹出的菜单中选择“个性化”选项，然后单击__27__进行设置。

27. A. 外观　　B. 屏幕保护程序　　C. 桌面背景　　D. 设置

七、从 Windows 7 桌面上删除一个快捷方式图标，__28__说法是正确的。

28. A. 仅删除桌面该快捷方式图标
  B. 该快捷方式对应的程序将不能正常运行
  C. 删除该快捷方式在硬盘上和它对应的程序、文件及文件夹
  D. 快捷图标一旦删除就无法再重新建立起来

模块三：字表处理（每项 1.5 分，14 项，共 18 分）

一、在汉字编码输入法中，以汉字字形特征来编码的称为__29__。

29. A. 音码　　B. 输入码　　C. 区位码　　D. 形码

二、要将 Word 2010 的文档另存为“记事本”能处理的文本文件，应选用__30__文件类型另存。

30. A. 纯文本　　B. Word 文档　　C. WPS 文本　　D. RTF 文本

三、在 Word 中“剪切”是将选定的内容__31__。对 Word 文档中插入的图片，不能对图片进__32__操作。

31. A. 复制到剪贴板　　B. 移入剪贴板
  C. 移入回收站　　D. 复制到回收站

32. A. 删除　　B. 剪裁　　C. 另存为网页　　D. 缩放

四、在 Word 中编辑文本时，快速将光标移动到文本行首或文本行尾，使用的操作是__33__。

33. A. Home 或 End　　B. ^Home 或^End
  C. Up 或 Down　　D. ^Up 或^Down

五、若要调整段间距，则可以选择的选项卡和选项组为__34__。

34. A. 开始 样式　　B. 视图 显示　　C. 开始 段落　　D. 视图 段落

六、在 Word 中要打印文本的第 3 ~ 10 页、20 ~ 35 页和 40 页，应该在“打印”对话框的“页码范围”框内输入__35__。

35. A. 3 ~ 10，20 ~ 35，40　　B. 3 – 10，20 – 35，40
  C. 3 ~ 10；20 ~ 35；40　　D. 3 – 10；20 – 35；40

七、在 Word 表格编辑中，不能进行的操作是__36__。在 Word 编辑窗口，__37__两种视图方式下都可看到 Word 文档中绘制的图形。

36. A. 删除单元格　　B. 合并单元格
  C. 插入单元格　　D. 旋转单元格

37. A. 普通视图和页面视图　　B. 大纲视图和页面视图

C. 大纲视图和普通视图　　D. 页面视图和 Web 版式视图

八、关于 Excel 中工作表的操作，下列说法中错误的是__38__。

38. A. 工作表名默认是 Sheet1、Sheet2、Sheet3、…用户可以重命名
B. 允许在工作簿之间移动工作表
C. 不允许工作簿之间复制工作表
D. 一次可以删除一个工作簿中的多个工作表

九、在 Excel 2010 工作表的 B1 单元格中输入“2”，B2 单元格中输入“4”，然后选中单元格区域 B1：B2，向下拖动填充柄，默认得到填充序列是__39__。

39. A. 等差序列　B. 等比序列　C. 日期序列　D. 数字序列

十、若某个单元格中的公式为“=IF（29<8，1，0）”，其计算结果为__40__。

40. A. TRUE　B. FALSE　C. 1　D. 0

十一、工作表中 C2 单元格的值为“98765.4”，执行了某个操作以后，C2 单元格中显示为一串“#”，这说明该单元格__41__。

41. A. 因操作有误，数据已丢失
B. 公式有误，无法正常计算
C. 数据格式与类型不匹配，无法正确显示
D. 列的显示宽度不够，调整列宽即可正常显示

十二、在 Excel 中，使用筛选功能可以__42__。

42. A. 只显示数据清单中符合指定条件的记录
B. 删除数据清单中符合指定条件的记录
C. 只显示数据清单中不符合指定条件的记录
D. 隐藏数据清单中符合指定条件的记录

模块四：计算机网络技术（每项 1.5 分，14 项，共 21 分）

一、计算机网络用__43__将不同位置的若干计算机系统互相连接起来，以实现资源共享。学生宿舍的计算机都连接到同一个交换机而形成一个小型的网络，这是__44__网络。

43. A. 电话线　B. 国际互联网
C. 通信设备和线路　D. 数模/模数转换器

44. A. MAN　B. WAN　C. LAN　D. CERNET

二、访问 WWW 页面的协议是__45__。文件传输（FTP）有很多工具，它们的工作界面有所不同，但是实现文件传输都要__46__。电子邮件地址的一般格式为__47__。

45. A. HTML　B. HTTP　C. SMTP　D. DNS

46. A. 通过电子邮箱收发文件
B. 将本地计算机与 FTP 服务器进行网络连接
C. 通过搜索引擎实现通信
D. 借助微软公司的文件传输工具 FPT

47. A. 用户名@域名　B. 域名@用户名
C. IP 地址@域名　D. 域名@IP 地址

三、计算机病毒是一种__48__。激发型病毒是在__49__时发作。__50__不能预防计算机

病毒。

48. A. 生物病菌　　B. 生物病毒
C. 计算机程序　　D. 有害言论的文档

49. A. 程序复制　　B. 程序移动　　C. 病毒繁殖　　D. 程序运行

50. A. 不随便使用在别的机器上使用过的存储介质
B. 机房内保持清洁卫生
C. 反病毒软件必须随着新病毒的出现而升级
D. 不使用盗版光盘上的软件

四、若某台服务器的 IP 地址是“203.132.5.181”，其中“181”是指__51__。域名 www.cqu.edu.cn 是中国__52__的一个站点。

51. A. 网络地址　　B. 主机地址　　C. 传输速度　　D. 服务器带宽

52. A. 工商部门　　B. 政府部门　　C. 教育科研部门　　D. 军事部门

五、计算机网络的拓扑结构是指__53__。以下__54__不属于计算机网络最基本的拓扑结构类型。

53. A. 通过网络中结点和通信线路之间的几何关系
B. 互相通讯的计算机之间的逻辑联系
C. 互连计算机的层次划分
D. 网络的通信线路的物理连接方法

54. A. 星型结构　　B. 总线结构　　C. 框架结构　　D. 环形结构

六、Internet 上每台计算机都有一个唯一的地址，即__55__地址；IPv6 协议的显著特征是 IP 地址采用__56__编码。

55. A. IP　　B. DNS　　C. FTP　　D. HTTP

56. A. 16 位　　B. 32 位　　C. 64 位　　D. 128 位

第二部分　选做模块

模块五：数据库（每项 1.9 分，10 项，共 19 分）

一、建立 Access 2010 数据库时要创建一系列的对象，这些对象有：表、报表、网页、宏、模块，此外还有__57__。

57. A. 视图、标签　　B. 查询、窗体
C. 查询、标签　　D. 视图、窗体

二、利用“自动创建窗体”创建的窗体的格式有：__58__。

58. A. 表格式、古典式、现代式　　B. 数据表、纵栏式、图表式
C. 数据表、纵栏式、表格式　　D. 古典式、彩色式、现代式

三、在 Access 2010 中，所有的对象都存放在一个文件中，该文件的扩展名是__59__。

59. A. .ACCDB　　B. .DBF　　C. .MDB　　D. .DBM

四、Access 数据库的__60__功能，可以实现在 Access 与其他应用软件（如 Excel）之间进行数据的传输和交换。若使打开的数据库文件能为网上其他用户共享，但只能浏览数据不

能修改，要选择打开数据库文件的方式为__61__打开。

60. A. 数据定义　　B. 数据操作
　　C. 数据控制　　D. 数据通信

61. A. 直接　　B. 以只读方式　　C. 以独占方式　　D. 以独占只读方式

五、数据库管理系统常见的数据模型有__62__三种。关系数据库是以__63__的形式组织和存放数据的。

62. A. 网络、关系和语义　　B. 层次、环状和关系
　　C. 层次、网状和关系　　D. 链状、层次和网络

63. A. 一条链　　B. 三维表　　C. 一维表　　D. 二维表

六、数据库是按一定的结构和规则组织起来的__64__的集合。

64. A. 相关数据　　B. 无关数据　　C. 杂乱无章的数据　　D. 排列整齐的数据

七、在 Access 2010 中自动创建的主键是__65__型数据。

65. A. 自动编号　　B. 文本　　C. 整型　　D. 备注

八、在 Access 2010 中，可以使用__66__命令不显示数据表中的某些字段。

66. A. 筛选　　B. 冻结　　C. 删除　　D. 隐藏

模块六：多媒体技术基础（每项 1.9 分，10 项，共 19 分）

一、MP3 是运动图像专家组 MPEG 提出的压缩编码标准__67__的一个层次。

67. A. MPEG－1　　B. MPEG－2　　C. MPEG－3　　D. MPEG－4

二、对于图像分辨率的描述，下面叙述中不正确的是__68__。关于图像文件的格式，不正确的叙述是__69__。

68. A. 图像分辨率越高，则图像的像素数目越多
　　B. 图像分辨率越高，则每英寸的像素数目（dpi）越大
　　C. 图像分辨率越高，则图像的色彩越丰富
　　D. 图像分辨率越高，则图像占用的存储空间越大

69. A. PSD 格式是 Photoshop 软件的专用文件格式，文件占用存储空间较大。
　　B. BMP 格式是微软公司的画图软件使用的格式，得到各类图像处理软件的广泛支持。
　　C. JPEG 格式是高压缩比的有损压缩格式，使用广泛。
　　D. GIF 格式是高压缩比的无损压缩格式，适合于保存真彩色图像。

三、多媒体计算机系统是指具有处理__70__功能的计算机。

70. A. 文字与数字　　B. 图文声影像和动画
　　C. 声音和图形　　D. 照片图形

四、__71__不属于多媒体技术的特点。

71. A. 集成性　　B. 交互性　　C. 实时性　　D. 兼容性

五、互联网上最常用的图像文件格式是__72__。

72. A. WAV　　B. BMP　　C. MID　　D. GIF

六、不属于 Flash 基础动画的是__73__。在 Flash 中，制作过渡动画时，“动作”补间动画的两个关键帧不能是__74__对象。

73. A. 逐帧动画　　B. 形状不见动画
C. 图像动画　　D. 遮罩动画
74. A. 形状　　B. 文本　　C. 元件　　D. 组合体
七、多媒体计算机是指__75__。
75. A. 能与家用电器连接使用的计算机
B. 能处理多种媒体信息的计算机
C. 连接有多种外部设备的计算机
D. 能玩游戏的计算机
八、PowerPoint 2010 演示文稿文件的扩展名是__76__。
76. A. xls　　B. pptx　　C. pptm　　D. ppt

模块七：信息获取与发布（每项1.9分，10项，共19分）

一、关于信息的下列说法，__77__是错误的。以下不是网络信息资源的获取途径的是__78__。
77. A. 信息处理是将消息处理成数据
B. 信息是指加工处理后的有用的消息
C. 信息处理是将数据处理成信息
D. 信息的表现形式是多样的
78. A. 搜索引擎　　B. 信息检索
C. 阅读报刊　　D. 网络信息资源数据库
二、下列属于信息发布方式的是__79__。下面不属于在发布信息时，必须遵守的道德规范的是__80__。
79. A. 下载软件　　B. 分类浏览　　C. BBS　　D. 收电子邮件
80. A. 随意转载别人的文章或资料
B. 不得发布没有任何依据的谣言
C. 不得发布黄、赌、毒方面的信息
D. 不得发布有关国家安全的保密信息
三、浏览 Web 网站必须使用浏览器，目前常用的浏览器是__81__。
81. A. Dreamweaver　　B. FrontPage
C. Internet Explorer　　D. Internet Exchange
四、下列关于网页制作的说法，错误的是__82__。设计网页时，表格和框架的功能是__83__。
82. A. Dreamweaver 和 Photoshop 都是可视化网页制作的工具
B. 网页布局包括帧布局，表格布局和层布局
C. 网站内的网页是通过超链接的方式连接在一起
D. 可以使用记事本来编辑网页文件
83. A. 能在网页中插入图片　　B. 能在网页中插入声音
C. 能在一个页面中打开多个网页　　D. 控制网页布局
五、以下各项中，__84__不是图形/图像处理软件。以下不属于网页中经常使用的图像

格式是<u> 85 </u>。

84. A. ACDSee　　B. Matlab　　C. Photoshop　　D. Word

85. A. jpg　　B. gif　　C. png　　D. pps

六、已设置了幻灯片的动画，但没有显示动画效果，是因为<u> 86 </u>。

86. A. 没有切换到母版视图　　B. 设置动画出错

C. 没有切换到幻灯片放映视图　　D. 没有设置动画

操作练习一

说明：

（1）操作练习中“T□”是文件夹名（工作目录），“□”可用自己的学号填入。

（2）操作练习包括两部分，第一部分各模块为必做模块，第二部分各模块为选做模块，考生必须选答其中一个模块。

（3）答题时必做模块的文件操作应先做好，才能做其余部分。

第一部分　必做模块

模块一：文件操作（15分）

打开“资源管理器”窗口，按要求完成下列操作。

1. 在E:\（或网络环境的K:\）下新建一个文件夹T□，并将C:\JS1（网络环境为W:\JS1）文件夹中的所有文件复制到T□文件夹中。(4分)

2. 在T□中建一个子文件夹“Test1”，将T□文件夹中除扩展名为.“html”外的其他所有文件移动到Test1文件夹中。(4分)

3. 把T□\Test1文件夹中的所有.txt文件压缩到文件r1.rar中。(3分)

4. 将T□\Test1文件夹中的“st1.txt”文件重命名为“new1.txt”，并设属性为“只读”。(4分)

模块二：Word操作（25分）

在E:\T□\Test1文件夹下打开文档GXGL.docx，将文件以另一个文件名“NEWGXGL.docx”保存在E:\T□\Test1文件夹中。（1分）在NEWGXGL.docx文档中按要求完成下列操作。

1. 在最后一段文字后面输入以下文字：(6分)

在漫长的岁月里，桂林的奇山秀水吸引着无数的文人墨客，使他们写下了许多脍炙人口的诗篇和文章，刻下了两千余件石刻和壁书，历史还在这里留下了许多古迹遗址。

2. 将文中所有措辞“桂林”替换为“广西桂林”（1分），将标题文字（“桂林简介”）设置为“小三号、楷体_ GB2312，红色、加粗、居中”。(3分)

3. 将正文各段落首行缩进2字符，行距为“固定值20磅”，段后行间距设置为0.5行(2分)。

4. 将正文第一段移动为最后一段，将第二和第三段合并为一段（2分），将合并的段落分为等宽的两栏，栏宽设置为“19字符”。(2分)

5. 在文本末尾插入文件E:\Test1\bg1.docx（2分），然后完成以下操作：

（1）在表格的第一行上方插入一行，并将第一行所有单元格合并，输入文字“面积及

人口”。(2 分)

(2) 表格内文本在单元格居中。(1 分)

6. 页面设置：设置纸张大小为“A4”，页边距上、下为“2.0 厘米、2.2 厘米”，左、右为“2.0 厘米、2.0 厘米”(3 分)，保存退出。

模块三：Excel 操作（20 分）

打开 E:\T□\ Test1 文件夹中的 Excel 文档 e1. xlsx。

1. 在“授课班数”列前插入一列“授课人数”，人数：38、35、46、88、50、60。(2 分)

2. 在标题行上方插入一行，并在单元格 A1 中输入标题“课时统计”，然后将 A1：F1 合并后居中。(2 分)

3. 利用公式或函数求总课时（总课时 = 授课班数 * 课时（每班））。(2 分)

4. 以“课时（每班）”为关键字，按升序排序。(2 分)

5. 为 sheet1 工作表做一个副本，副本工作表名称为“授课信息表”。(2 分)

6. 在“授课信息表”工作表中 A1：F7 区域的所有单元格加上框线。(2 分)

7. 对“授课信息表”中的数据进行筛选：筛选出“总课时”大于 100 的记录。(3 分)

8. 在 sheet1 中建立如下条形圆柱图，并嵌入本工作表中。如下图所示（5 分），保存退出。

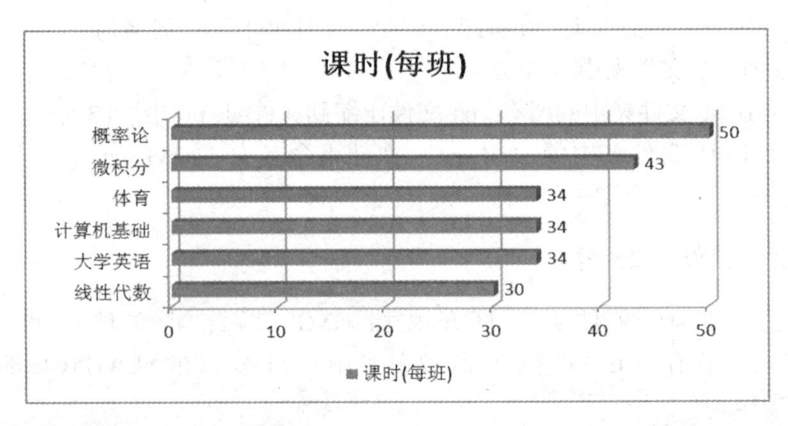

模块四：计算机网络基础（20 分）

1. 启动收发电子邮件软件，如 Foxmail 7。编辑电子邮件内容如下：(10 分)

收件人地址：(收件人地址考试时指定)

主题：T□稿件

正文如下：

老师：您好！

本机的 IP 地址是：(请考生在此输入本机的 IP 地址)。

本机的 DNS 服务器地址是：(请考生在此输入本机的 DNS 服务器地址)。

此致

敬礼！

（考生姓名）
（考生的准考证号）
20××年××月××日

2. 将T□\Test1\中的bg1.docx文件作为电子邮件的附件（3分）；发送邮件。（2分）

3. 启动IE9浏览器，打开T□中的web1.html文件，将该网页中的全部文本，以文件名Web1.txt保存到T□\Test1文件夹中。（5分）

第二部分　选做模块

模块五：数据库技术基础（20分）

1. 启动Access 2010，打开E:\T□\Test1文件夹中的数据库文件SJK1.accdb。

2. 修改基本表DJK11结构，在已有结构中增加以下两个字段：（4分）

字段名	数据类型	字段大小	小数位数
单价	数字	单精度实数	2
销售台数	数字	整型	0

3. 删除第二条记录，其类别为“喷墨”。（2分）

4. 在表末尾追加以下记录：（4分）

类别	品牌	型号	分辨率	库存	单价	销售台数
喷墨	Epson	color 480	720×360	15	520.00	8

5. 创建一个名为sort的查询，包含类别、品牌、型号、单价、销售台数、毛收入等字段，其中毛收入=单价×销售台数（7分），并要求按照毛收入从高到低排序（3分），保存退出。

模块六：多媒体技术基础（20分）

1. 打开E:\T□\Test1文件夹中的p1.pptx文件，为所有幻灯片应用“跋涉”主题。（2分）

2. 在第1张幻灯片中输入标题“数据”，“楷体、48磅”，“红色”字体，并设置标题“居中”。在第3张幻灯片中插入T□□文件夹中的文件“荷塘月色.mp3”，设定为“单击时”开始播放及“循环播放，直到停止”，音量设置为“高”。（5分）

3. 在第3张幻灯片后添加一张新的幻灯片，选定其版式为“标题和内容”（1分），在标题栏中键入“数据和信息”，并设为“黑体、60磅、居中”（2分）。在内容处插入E:\T□\Test1文件夹中的图片flower.jpg，并设置该图片的高度和宽度分别为“12厘米、14厘米”。（3分）

4. 为第4张幻灯片的图片设置“飞入”的动画效果，方向为“自左侧”，在上一动画之后开始。（3分）

5. 设置所有幻灯片的切换效果为“擦除”，方向为“自顶部”。换片方式为单击鼠标时，并设置自动换片时间为间隔5秒（4分），保存退出。

模块七：信息获取与发布（20 分）

1. 启动 Dreamweaver CS5，新建一个空白网页文档 page1. html，保存到 E：\T□文件夹中。(2 分)

2. 插入一个 2 行 2 列的表格，表格宽度为“800 像素”，边框粗细为“2 像素”，单元格间距取值为“2”。(3 分)

3. 将表格第 1 行的两个单元格合并，在合并后的单元格中输入“罗马许愿池”，设置字体为“黑体”，大小为“32 像素”，颜色为“黑色”。(3 分)

4. 将 E：\T□\ Test1 文件夹中的图片文件 xuyuanchi1. jpg 插入到表格的第 2 行左侧单元格中，调整图片宽度为“400 像素”、高度为“280 像素”。(3 分)

5. 将 E：\T□\ Test1 文件夹中的文本文件“许愿池 . txt”中的内容复制到表格的第 2 行右侧单元格中，另起一行，输入文字“更多景点”，设置该单元格中的文本字体为“宋体”，大小为“20 像素”，颜色为“蓝色”。(4 分)

6. 新建另一个网页文件 page2. html，插入一条水平线将页面分为上、下两部分。在上半部分区域内输入标题“德国天鹅堡”，设置字体为“黑体”，大小为“32 像素”，颜色为“黑色”。复制“天鹅堡 . txt”中的文字到下半部分区域，将网页保存到 E：\T□文件夹中。(4 分)

7. 为 page1 的文字“更多景点”建立超链接，使之链接到网页“page2. html”（1 分），保存退出。

操作练习二

说明：

(1) 操作练习中“T□”是文件夹名（工作目录），“□”可用自己的学号填入。

(2) 操作练习包括两部分，第一部分各模块为必做模块，第二部分各模块为选做模块，考生必须选答其中一个模块。

(3) 答题时必做模块的文件操作应先做好，才能做其余部分。

第一部分　必做模块

模块一：文件操作（15 分）

打开“资源管理器”窗口，按要求完成下列操作：

1. 在 E:\（或网络环境的 K:\）新建一个文件夹 T□（2 分），并将 C:\JS2（网络环境为 W:\JS2）文件夹中的所有文件及文件夹复制到文件夹 T□中。(2 分)

2. 在文件夹 T□下，建立一个子文件夹 Test2（1 分），并将文件夹 T□中的所有文件（不含文件夹）移动到文件夹 Test2 中。(2 分)

3. 启动附件里的画图软件，画个矩形（大小和位置不限）（2 分），并保存该图片到 E:\T□\Test2 下，文件主名为“Pic2”、保存类型为“PNG（*.PNG）”（2 分），然后将文件 Pic2. PNG 的文件属性设为“只读”。(2 分)

4. 将 E:\T□\Test2 中的文本文档“tour1. txt”重命名为“gu1. txt”。(2 分)

模块二：Word 操作（25 分）

在 T□\Test2 文件夹下打开文档 JSJ. docx，将文件以另一个文件名“NEWJSJ. docx”保存在 T□\Test2 文件夹中（1 分）。对 NEWJSJ. docx 文档按要求完成下列操作。

1. 在最后一段文字后面输入以下文字：(6 分)

随着电子技术特别是通信和计算机技术的发展，人们已经有能力把文本、音频、视频、动画、图形和图像等各种媒体综合起来，构成一种全新的概念——“多媒体”（Multimedia）。在医疗、教育、商业、银行、保险、行政管理、军事、工业、广播、交流和出版等领域中，多媒体的应用发展很快。

2. 将文中所有“计算机”加着重号（1 分），将标题文字（“计算机简介”）设置为“小三号、黑体”，“红色、加粗、居中”。(3 分)

3. 将正文各段落首行缩进 2 字符，行距为“固定值 20 磅”，段后行间距设置为“0.5 行”。(2 分)

4. 将正文第一段移动为最后一段，将第二和第三段合并为一段（2 分），将合并的段落分为等宽的两栏，栏宽设置为“19 字符”。(2 分)

5. 在文本末尾插入文件 E:\T□\Test2\bg2.docx（2 分），然后完成以下操作：

（1）在表格的第一列左侧插入一列，并将第一列所有单元格合并，输入文字“计算机分类”（2 分）。

（2）表格内文本在单元格居中。（1 分）

6. 页面设置：设置纸张大小为“A4”，页边距上、下为“2.0 厘米、2.2 厘米”，左、右为“2.0 厘米、2.0 厘米”（3 分），保存退出。

模块三：Excel 操作（20 分）

打开 E:\T□\Test2 文件夹中的 Excel 文档 e2.xlsx。

1. 在 Sheet1 工作表中“姓名”列左侧插入一列“学号”，输入各记录序号值：0101、0102、0103、0104。（2 分）

2. 在 Sheet1 工作表中利用公式或函数，求各科成绩的最高分及个人成绩的平均分（保留 1 位小数）。（4 分）

3. 为 Sheet1 工作表做一个副本，名称为“备份”。（2 分）

4. 在“备份”工作表中，使用条件格式，将各科成绩中大于 90 分的成绩用“红色、加粗、倾斜”的格式突出显示。（3 分）

5. 在 Sheet1 中建立如下图所示的三门课程最高分的簇状柱形图，并嵌入本工作表中。（5 分）

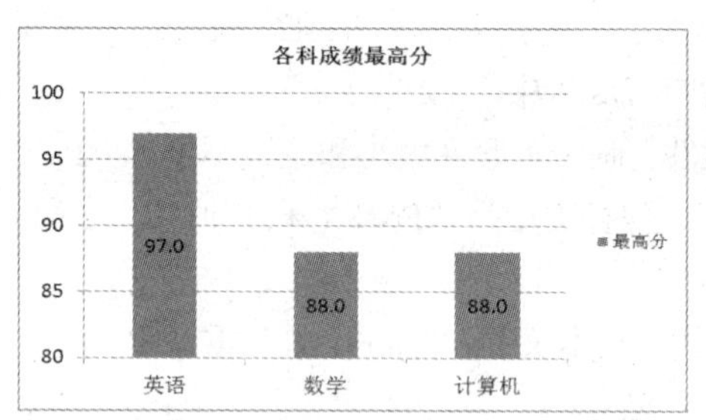

6. 对“汇总”工作表中的数据按“性别”分别求出男生、女生每门课程的平均分（4 分），保存退出。

模块四：计算机网络基础（20 分）

1. 启动收发电子邮件软件，如 Foxmail 7。编辑电子邮件内容如下：（10 分）

收件人地址：（收件人地址考试时指定）

主题：T□稿件

正文如下：

老师：您好！

本机的 IP 地址是：（请考生在此输入本机的 IP 地址）。

本机的 DNS 服务器地址是：（请考生在此输入本机的 DNS 服务器地址）。

此致

敬礼！

（考生姓名）
（考生的准考证号）
20××年××月××日

2. 将 T□ \ Test2 文件夹中的 tu1. jpg 文件作为电子邮件的附件（3 分），发送邮件。（2 分）

3. 在 T□ \ Test2 新建一个文本文档 IP2. txt，录入本机的 IP 地址（5 分），保存退出。

第二部分　选做模块

模块五：数据库技术基础（20 分）

打开 E:\T□ \ Test2 文件夹中的数据库文件 SJK2. accdb。

1. 修改数据表“考试成绩”的结构，在“大学语文”之后增加“高等数学”字段，定义如下：（5 分）

字段名	数据类型	字段大小
高等数学	数字	整型

2. 依次输入各记录的高等数学字段数据：61、63、78、67、75、83、92。（3 分）

3. 在同一数据库中，给数据表“考试成绩”建立一个备份，名称为“bak”。（2 分）

4. 创建一个名为“平均分”的查询，其包含姓名、大学语文、高等数学、英语、计算机和平均分字段。其中，平均分 =（大学语文 + 高等数学 + 英语 + 计算机）/4（6 分），平均分保留两位小数（2 分），按照平均分从高到低排序（2 分），保存退出。

模块六：多媒体技术基础（20 分）

1. 打开 T□ \ Test2 \ 文件夹中的 p2. pptx 文件，为所有幻灯片应用“暗香扑面”主题。（2 分）

2. 在第 1 张幻灯片中输入副标题“我的大学”，其格式设为“隶书、40 磅”，字体设为“黑色”（1 分）。在第 3 张幻灯片中插入 T□ \ Test2 \ 文件夹中的文件“荷塘月色 . mp3”，设定为“单击时”开始播放及“循环播放，直到停止”，音量设置为“中”。（4 分）

3. 在第 3 张幻灯片后添加一张新的幻灯片，选定其版式为“标题和内容”（1 分），在标题栏中键入“组织机构”，并设为“黑体、60 磅”，“黑色”，“居中”（1 分）。在内容处插入 SmartArt 图形，图形类型为层次结构，输入相应文字，制作如下图所示效果。（5 分）

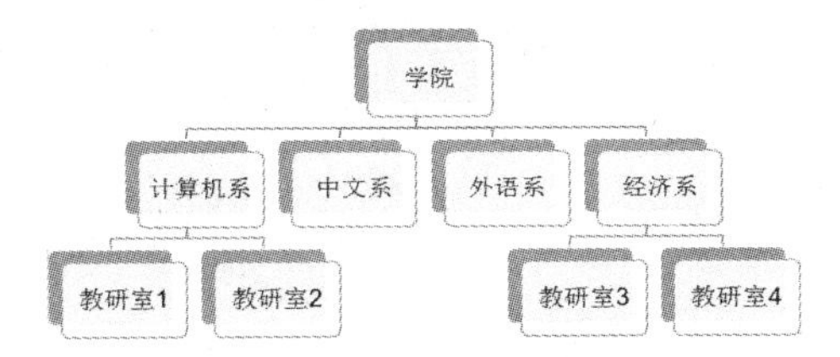

4. 设置所有幻灯片的切换效果为“擦除”，方向为“自左侧”。换片方式为单击鼠标

时，并设置自动换片时间为间隔 3 秒。(3 分)

5. 为第 2 张幻灯片的文字“学校概况”插入超链接，链接到第 3 张幻灯片，(3 分）保存退出。

模块七：信息获取与发布（20 分）

1. 启动 Dreamweaver CS5，新建一个 HTML 文档，以“page3. html”为文件名保存到 Test2 文件夹中。设置网页标题为：“梧州市”，背景色为“#FFFFCC”，页面字体为“宋体”，字号为“20 像素”。(4 分)

2. 插入一个 1 行 4 列表格，表格宽度为“100%”，单元格间距为“2”，单元格边距为“2”，边框粗细为“0”，表格居中对齐；将第 1 ~4 列的宽度分别设为“200 像素”、“210 像素”、“180 像素”、“250 像素”。(5 分)

3. 从左至右依次在这 4 个单元格中分别输入文字：“景点”、“美食”、“宝石”、“特产”，设置文本“居中对齐”。(4 分)

4. 为文本“宝石”建立超链接，链接到 T2 文件夹中的网页“baoshi. html”，并使目标网页在新窗口中打开。(3 分)

5. 在表格下方插入一条水平线，在水平线下方插入 E:\ T2 文件夹中的图片“wuzhou. jpg”，调整图片宽度为“450 像素”、高度为“320 像素”，“居中”放置。将 T2 文件夹中“梧州简介 . txt”的文本复制到图片下方（4 分），保存退出。

笔试练习一　参考答案

1. D	2. D	3. A	4. D	5. B	6. C	7. B	8. A	9. C	10. D
11. A	12. D	13. D	14. B	15. D	16. B	17. C	18. A	19. C	20. C
21. C	22. A	23. D	24. A	25. B	26. B	27. B	28. A	29. A	30. C
31. C	32. B	33. B	34. A	35. A	36. D	37. B	38. A	39. B	40. B
41. B	42. C	43. B	44. D	45. C	46. B	47. A	48. C	49. A	50. B
51. D	52. A	53. D	54. D	55. D	56. D	57. A	58. C	59. D	60. B
61. B	62. D	63. B	64. C	65. B	66. B	67. D	68. A	69. C	70. A
71. A	72. B	73. D	74. D	75. C	76. B	77. B	78. B	79. D	80. B
81. C	82. D	83. D	84. C	85. D	86. A				

笔试练习二　参考答案

1. B	2. D	3. B	4. D	5. B	6. A	7. C	8. B	9. A	10. B
11. A	12. C	13. D	14. A	15. C	16. B	17. A	18. A	19. D	20. C
21. C	22. A	23. A	24. D	25. C	26. D	27. C	28. A	29. D	30. A
31. B	32. C	33. A	34. C	35. B	36. D	37. D	38. C	39. A	40. D
41. D	42. A	43. C	44. C	45. B	46. B	47. A	48. C	49. D	50. B
51. B	52. C	53. A	54. C	55. A	56. D	57. B	58. C	59. A	60. D
61. B	62. C	63. D	64. A	65. A	66. D	67. A	68. C	69. D	70. B
71. D	72. D	73. D	74. A	75. B	76. B	77. A	78. C	79. C	80. A
81. C	82. A	83. D	84. D	85. D	86. C				

参考文献

[1] 林士敏, 周娅, 等. 大学计算机基础学习指导[M]. 桂林:广西师范大学出版社,2010.

[2] 卢凤兰,柳永念,等. 大学计算机基础实验教程[M]. 北京:中国铁道出版社,2010.

[3] 贺杰,等. 计算机应用基础案例教程实训指导与习题集[M]. 桂林:广西师范大学出版社,2012.

[4] 彭爱华,刘晖, 王盛麟. Windows 7 使用详解[M]. 北京:人民邮电出版社,2010.

[5] 杨继萍,钟清琦, 孙岩. Windows 7 中文版从新手到高手[M]. 北京:清华大学出版社,2011.

[6] 神龙工作室. 新手学 Windows 7 [M]. 北京:人民邮电出版社同,2010.

[7] 刘晓辉,李书满,等. Windows 7 使用精解[M]. 北京:电子工业出版社,2010.

[8] 七心轩文化. Office 2010 高效办公[M]. 北京:电子工业出版社,2010.

[9] 王俊来,陈长伟. Office 2010 办公应用[M]. 北京:北京希望电子出版社,2010.

[10] 杨选辉. 网页设计与制作教程(第 2 版)[M]. 北京:清华大学出版社,2008.

[11] 郝军启,等. Dreamweaver CS4 网页设计与网站建设标准教程[M]. 北京:清华大学出版社,2010.

[12] 张强,等. Access 2010 入门与实例教程[M]. 北京:电子工业出版社,2011.

[13] 徐磊. 计算机网络原理与实践[M]. 北京:机械工业出版社,2011.

[14] 谢希仁. 计算机网络[M]. (第 5 版)北京:电子工业出版社,2009.

[15] 吴功宜,吴英. 计算机网络应用技术教程[M]. (第 3 版)北京:清华大学出版社,2009.

参考文献